U0076656

美麗的 幻獸 生態骨骼圖鑑

插畫　綠川美帆

監修　江口仁詞

（TCA 東京 ECO 動物海洋專門學校）

瑞昇文化

Prologue

幻獸，或許是由人類所創造出來的幻想生物。

然而，在它們之中，

也存在著經歷了數千年卻依舊被人們流傳到後世的幻獸。

在許許多多的真實生物走向滅絕的同時，雖說是幻想的產物，

但幻獸們還是度過長遠的時光、在人類的記憶裡代代傳承。

因此，就算我們從那些幻獸的身上感受到強大的生命力，也並非什麼不可思議之事。

關於幻獸的記憶之所以不會在世人的記憶中消失的原因，

我認為是因為幻獸誕生的背景裡頭必定存在人類的生活。

舉個例子，就像是會從嘴裡吐出火焰的龍。

現實的地球上並沒有會噴出火焰的動物。

但即便如此，就能認定噴火的龍是荒誕無稽的產物嗎？

實際上，世間真的存在因為毒蛇或毒蜥蜴的毒素

而導致皮膚潰爛的例子。

其中還有某些爬蟲類會噴出毒液。

或許對於過往缺乏毒物知識的人們而言，

因為毒素而潰爛的傷口看上去就像是燒傷的痕跡。

說不定還有中毒者在留下「我被恐怖的怪物（爬蟲類）攻擊了。

皮膚就像是被燒傷一樣灼熱」這句話之後就逝世了。

如果類似這樣的人接連出現的話，

即使有人相信「這世上存在會噴火的恐怖巨大生物」也並不是什麼稀奇的事。

對於那些時代的人們而言，或許那些並不是幻獸，

而是「雖然前所未見，但真的存在的生物」吧。

可能就是基於這個原因，幻獸的身上才能蘊藏著生命力。

　　　這本書也跟那些創造幻獸的古時候人類一樣，

　　　相信幻獸就在某個地方生活著，並且以認真的態度看待它們。

　　　它們的身體構造到底會是什麼樣子呢？

　　　面對這個謎團，我們也會對骨骼進行預想。

幻獸是存在的。至少它們活在了人類的記憶之中。

因此，希望接下來要開始閱讀這本書的讀者朋友們，

請務必要造訪幻獸誕生的土地。

或者是走一趟博物館、看看那些與幻獸極為相似的化石展覽品，

接著再前往跟幻獸類似的動物生活的動物園、

水族館等地，那就太令人高興了。

這麼一來，幻獸是真實存在的生物，這個印象也會變得更加強烈。

　　　希望諸位都能「用眼睛觀察」、「用耳朵聆聽」、「用手觸摸」、

　　　「用鼻子嗅聞味道」，以自己的五感去感受幻獸的存在。

　　　若是這本書能夠作為資料、以各式各樣的方法讓大家活用，可謂榮幸之至。

　　　　　　　江口仁詞（TCA東京ECO動物海洋專門學校／DINOSAUR MUSEUM館長）

Contents

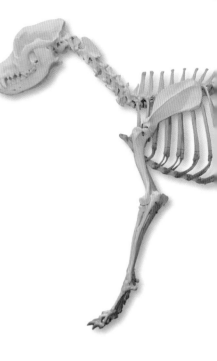

Section 1　地上的幻獸

Section 2

美麗的 幻獸
生態骨骼圖鑑

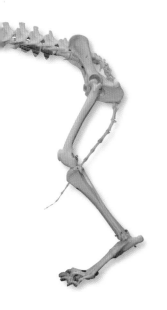

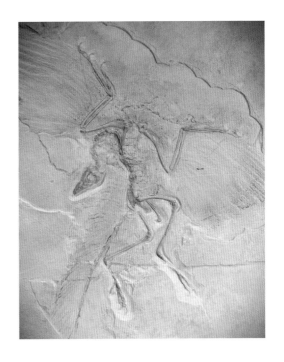

Contents

Section 1
地上的幻獸

擁有3顆頭的克爾柏洛斯。它不僅是頭凶暴的狗，還長了蛇型態的鬃毛。
因為負責看守地獄入口處的工作，因此又通稱「地獄的看門犬」。

分出3顆犬頭

別具特色的3顆頭，分別代表「過去」、「現在」、「未來」。

無數的蛇

大量不斷翻騰的蛇，就像是鬃毛那樣從頸部長出來。

龍的尾巴

健壯的龍尾。為了跟尾巴的部分取得平衡，下半身的體態也很結實。

KERBEROS

蛇的骨骼

從作為背部中軸的
脊椎長出保護內臟
的肋骨。

複雜的頸部構造

每顆犬頭上都長出蛇的
複雜骨骼結構。

可以上下活動的尾巴

尾巴是由十字型的骨骼所構成，
所以不僅能像蛇那樣橫向擺動，
也能做到上下方向的活動。

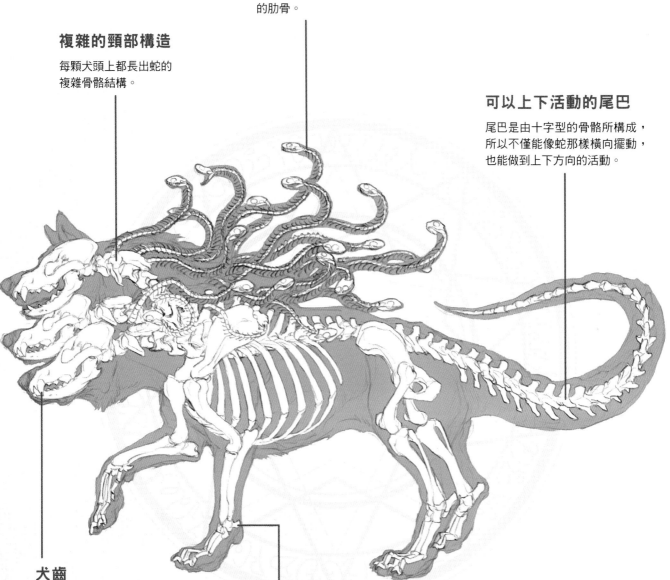

犬齒

前端尖銳，是為了
咬住、撕裂捕獲獵
物的牙齒。

長在前腳的懸趾

懸趾是犬腳上的第5根趾
頭。這個部位能夠在壓制
獵物的時候發揮功用。

克爾柏洛斯的特徵

在那3顆犬頭的頸部，有蛇正在蠢動著。
這條哈迪斯的看門犬擁有迅捷的前腳與靈活的尾巴，
準備撕裂人類靈魂。

在希臘和羅馬神話中登場，
看守著地獄的入口

擁有3顆頭的幻獸並不在少數，但是說到最具代表性的，就是克爾柏洛斯了。它是在希臘和羅馬的神話中都有登場、由死後世界的王者——哈迪斯所飼養的地獄看門犬。

站在地獄入口處的克爾柏洛斯，其工作就是看守，以戒備有活著的人闖入，並防止死者的靈魂回到人類的世界。無論是生者還是死者的靈魂，只要被克爾柏洛斯發現了便會被撕裂消亡。傳說中曾留下「用摻入蜂蜜的蛋糕作為給克爾柏洛斯的誘餌，以分散它的注意力」這種記述，由此可見它或許並非是完全的肉食者，很可能是雜食性的幻獸。

經常被拿來跟克爾柏洛斯比較的幻獸，就是「歐特魯斯」。歐特魯斯同樣也是犬系的幻獸，但是頭只有2顆。根據神話記載，它和克爾柏洛斯是兄弟的關係。

擁有別具特色的3顆犬頭
和蛇型態的鬃毛

3顆犬頭，分別代表了「過去」、「現在」、「未來」。也有說法指稱它的身軀就像是獅子。在頸部的部分長出了大量蛇型態的鬃毛，還舞動著一條像是龍尾的健壯尾巴。除了性格暴戾之外，唾液中還含有劇毒。還有說法認為它的唾液會長出「烏頭」這種帶毒性的植物。

克爾柏洛斯，簡直就可以稱之為「人類恐懼事物的集合體」。這頭凶犬只要鎖定了目標，直到以利牙逮住獵物之前都會持續不斷地追趕，然後以蛇的劇毒殺害獵物。頭總共有3顆是最著名的說法，不過其實也出現過它是長了50～100顆頭的幻獸這樣的記述。正是因為擁有如此多的頭部（頸）所帶來的詭異感以及絲毫沒有破綻，才讓克爾柏洛斯顯得更加恐怖吧。

KERBEROS

凸顯強悍與敏捷的
前腳懸趾，以及強韌的尾巴

　　那副犬系幻獸應有的銳利犬齒自然不用多說，那對毫無無用之物的細緻前腳，以及長在前腳第5根腳趾上的懸趾也相當重要。懸趾是現代的犬類生物身上也會殘留的趾頭，但也有該部位已經退化的犬類。它原本是個壓制獵物時使用的部位，因此也可以說它是個能讓人感受到強烈狩獵氛圍的重要部位。

　　除此之外，龍尾部分的骨骼也是重點。現實中，狗的尾巴其實並不具備攻擊或防禦方面的實用性。從這個觀點來說，在犬類的身體上添加強韌尾巴的克爾柏洛斯，應該可以稱之為無敵的象徵吧。尾巴的骨骼長成十字型的話，不僅能跟蛇一樣做出橫向的動作（波狀運動），還能像蜥蜴那樣上下活動，讓它可以進行靈活的擺動。

古羅馬的詩人奧維德在他的著作《變形記》之中，描述了希臘神話的英雄海格力斯與克爾柏洛斯的故事。

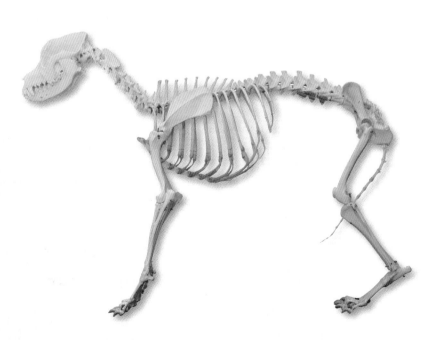

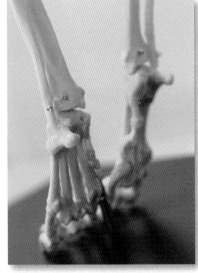

真實犬類的骨骼標本。克爾柏洛斯是以犬類的身體為基礎，乃是重點所在。（TCA東京ECO動物海洋專門學校收藏）

獨角獸

兼具英勇與兇猛的獨角幻獸。
相傳它擁有馬的身軀、鹿的面部、大象強韌的腳、以及野豬的尾巴。

野豬的尾巴

尾巴較短。可以在驅趕
蟲子等場合運用，沒有
什麼特別的功能。

銳利的獨角

角長達1公尺左右，據說
擁有解毒的效用。

大象的腳

粗壯結實的腳，據說
就跟大象的腳一樣。

馬的身軀

身軀像是馬。根據文獻記載，有
體型相當龐大的說法、亦有小到
可以站在人類腿上的說法。

UNICORN

從頭蓋骨伸出的角

角就是骨頭，或者是由名為角蛋白
的蛋白質這種主成分所構成。

馬的肩胛骨

身軀是馬。支撐身體的肩
胛骨很巨大，可以施展充
滿力量的動作。

馬的肋骨

龐大的肋骨是守護攸關耐
力的肺臟的重要部位。

鹿的頭蓋骨

相傳面部的樣貌很
接近鹿，下顎等部
位的骨頭也比馬還
要小。

大象的趾骨

藉由趾骨來維持平衡，
支撐身體的重量。

獨角獸的特徵

獨角獸在各式各樣的古籍之中都有登場。
人們認為它那獨特的角能夠貫穿所有的物體,
雖然性格兇猛,但也有容易被少女馴服的這層面貌。

美麗,而且兇猛、強悍,
擁有銳利獨角的傳說白馬

相傳獨角獸是擁有銳利獨角的純白馬匹。相對於外觀的美麗,據說它的性格相當兇猛且勇悍果敢。雖然現在被列為幻獸,不過世間有很長一段時間都相信它真的存在。在古羅馬的博物學者老普林尼的著作《博物誌》裡頭,就記載獨角獸是擁有馬的身體、鹿的頭、大象的腳、野豬的尾巴等特徵的生物。當時在印度和歐洲都傳出了目擊它的情報,從中衍生了「頭是紫色的」、「長了山羊般的鬍子和獅子的尾巴」等諸多說法。

主要的棲息地是森林。獨角獸的腳程很快,無論是什麼樣的獵人都很難抓到它。然而,它唯獨會對純潔的少女敞開心房,因此據說就有人以少女為誘餌來捕捉它。關於體型的大小,也留下了跟馬差不多大,以及小到能夠站在少女的雙腿上等各種記述。

具備解毒功能的獨角
在羅馬時代相當受到歡迎

獨角獸最大的特徵,就是它頭上長出的那支宛如鑽頭的螺旋狀獨角。據稱長度在45公分到1公尺左右,依據鹿的生態來思考,或許可以解釋那支角可能是基於求偶這個目的,為了增加繁殖的機會而演變出來的。世人認為它的角可以淨化水源和毒物,還能治療疾病,因此在羅馬教皇保祿三世的時代,鎖定角的藥效而展開的競逐也隨之增多。很多人將之獻給教皇,王侯貴族們也會以高價來進行交易,然而據說那些角大多都不是來自於獨角獸,而是大海裡的一角鯨的牙齒。

假設獨角獸的角真的長達1公尺的話,想必這對一般的動物而言就會造成相當大的負擔。只不過,考量到獨角獸腳程飛快的這一點,應該也能判斷那支角可能是空心的,所以很輕盈。比起厚重感,或許可以認為美麗的銳利度與神聖的氛圍要更加重要。

UNICORN

將馬、鹿、大象、野豬
夢幻整合的整體樣貌

　　不光是馬，獨角獸也是融合鹿的特色的幻獸。人們都說它的頭部跟鹿很相似。馬跟鹿的頭骨存在著微妙的差異，馬生有強健的牙齒，而鹿卻沒有上顎的牙齒。眼睛跟馬一樣都位在頭的兩側，所以能排除頭部一帶的死角，視野想必也相當寬廣。

　　粗壯且威風的腳效仿大象，趾骨也是3根。以此為支撐軸，讓它能夠穩穩地踩著大地。另外，現實世界的歐洲存在一種原種馬「Percheron」，牠的腳不僅粗還很健壯，雖然趾骨和馬蹄還是有差異的，不過也可以說牠的腳跟獨角獸的印象很接近。

　　關於野豬的短尾巴這個部分，從生物學的角度很難找到有利之處，在繪畫等創作中描繪出的形象也經常都是馬的尾巴。只不過若是把許多生物融合起來，神祕的氛圍也能變得更加強烈吧。

《The Unicorn Purifies Water》。這張15世紀的織錦掛毯描繪了獨角獸正在淨化水的情景。

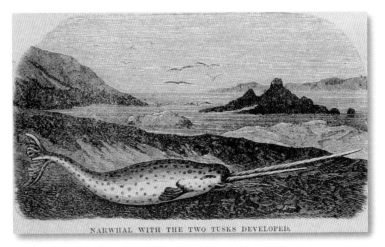

NARWHAL WITH THE TWO TUSKS DEVELOPED.

長了長牙的一角鯨（鯨魚的一種）。過去它的牙齒被假冒成獨角獸的角來販售。

奇美拉

頭部是獅子、身體是山羊，然後背後還冒出詭異的蛇在瞪視著你。
由怪物與半人半蛇所孕育出的幻獸——奇美拉，可以說是合成幻獸的代表。

山羊的角

角是以山羊為基礎，為了展現出兇猛的感覺，也可以摻入類似水牛的要素。

蛇型態的尾巴

尾巴就像是個從背後瞪視的怪異蛇頭。

獅子的頭

充滿魄力的表情與鬃毛，象徵著威嚴。光是上半身就能感受到它的威脅性。

山羊的身軀

從腹部開始就結合了山羊的身體。茶色與白色的體毛顏色層次感能令人感受到奇特的感覺。

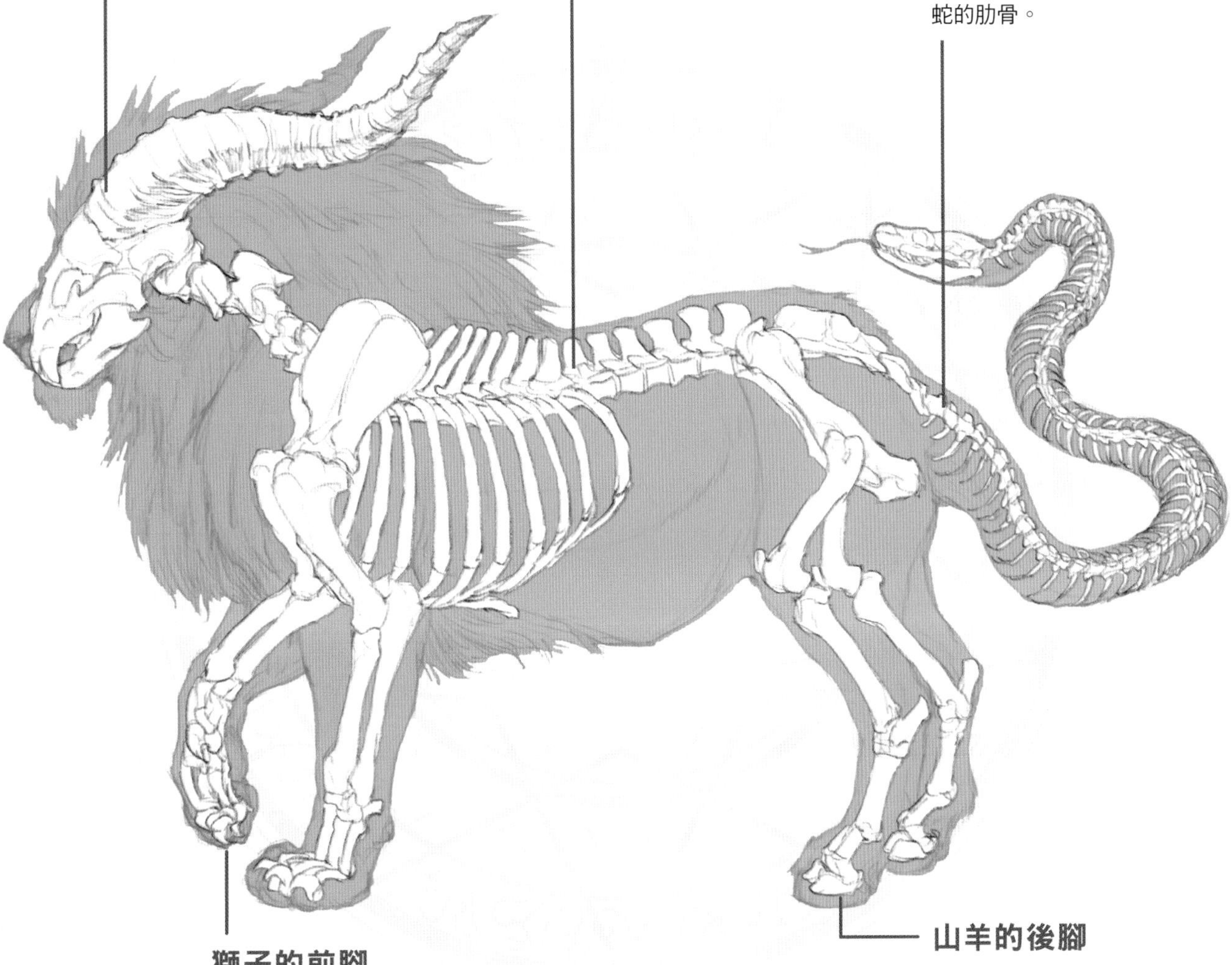

CHIMAERA

山羊的角

山羊或水牛的角，都是從位於
頭蓋骨的「骨質芯」長出來
的，所以不會換新。

胸椎與肋骨

於背部連結的胸椎（胸骨）
與肋骨是相互對應的，所以
骨頭的數量相同。

尾椎的連結部分

奇美拉尾巴的印象，就是
作為尾巴骨骼的尾椎長有
蛇的肋骨。

獅子的前腳

結實的前腳藏有適合抓
捕獵物的銳利爪子。

山羊的後腳

分出偶蹄，外側與內側
的柔軟程度不同。這個
構造能夠讓它輕鬆地攀
登到高處。

奇美拉的特徵

奇美拉也是生物學用語「嵌合體」的語源。
它不僅是其他眾多融合幻獸的根源，
依據文獻不同，也擁有相當多樣的特性。

因為能噴出火焰的能力
而死於英雄之手的悲哀幻獸

在現代生物學的領域，一個身體擁有複數基因型的狀態就被稱為「嵌合體」（chimera），這個詞彙的由來就是由3種動物構成的融合幻獸──奇美拉。人們認為其他的融合幻獸若追本溯源的話，其基礎也是來自奇美拉。

目前所知在記載奇美拉的文獻裡面最為古老的，就是古希臘詩人荷馬的作品《伊利亞德》。根據記述，奇美拉是希臘神話中的怪物堤豐和半人半蛇的艾奇德娜所生下的女兒，這也意謂它是雌性。在神話之中，為了驅逐凶暴的奇美拉，英雄貝勒羅豐便前來討伐。他將裝上鉛塊的箭矢射向正吐出熊熊大火的奇美拉口中，結果鉛塊就被口中的烈焰給融化，堵住了奇美拉的咽喉，導致它最後窒息而死。

在獅子的頭上加上角，
讓整體印象更具威嚴感

關於奇美拉的模樣存在許多說法，但是頭部是長有鬃毛的雄獅模樣是最常見的論點。此外也有不少說法認為它的頭上還長了像是山羊或水牛那種氣派的角。因為多了角，跟普通的獅子相比，神聖且頗具威嚴的印象也愈發強烈。

即便單單以動物的角來稱呼，但種類也是千奇百怪。鹿的角跟頭蓋骨是各自獨立的，所以會換新，但是山羊或牛的角是從頭蓋骨被稱為「骨質芯」的地方長出來的，所以斷掉的話是不會再重新生長的。描繪角的時候，只要像這樣意識到它與頭蓋骨的連結，畫出來的成品應該就會更加寫實吧。如果想要更加呈現出奇美拉的分量感，就不要只選擇山羊，推薦各位可以參考主要棲息於非洲的高角羚和瞪羚那充滿魄力的角。

CHIMAERA

獅子和山羊的身體
激發了想像力

　　相傳奇美拉棲息於現今土耳其西南部一帶、一個在過去名為呂基亞的地方。雖然頭部是雄獅、身體是山羊、然後尾巴是毒蛇這個特徵相當有名，但是依據文獻的不同，還出現了「長了3顆頭」、「不是身體是山羊，而是背上長了顆會噴火的山羊頭」等外觀差異極大的敘述，這也是奇美拉的特徵。基於這個原因，奇美拉可說是描繪時的自由度極高、最適合以文字訊息為基礎來發揮想像力的幻獸了。

　　本次的插畫是以讓獅子和山羊的身體自然地銜接為一大要點。如果把身體分成兩個部分，擁有銳利爪子的前腳和有蹄的後腳這種前後迥異的幻獸就誕生了。這樣的姿態也讓神祕感因而增幅。背後和尾巴等動物的死角部分可以看到毒蛇，這種構圖方式也讓不安穩的感覺變得更加地顯著。

要如何表現奇美拉頭部的獅子樣貌也是關鍵所在。銳利的眼神、嗅覺靈敏的大鼻子、鬃毛和臉部周遭的獸毛流、陰影等也都要確實地雕琢。

即使單靠角的形狀還是能顯現個性。以山羊的場合來説，就會像照片中這樣與頭蓋骨連結，因此不會再新生。可藉此理解角是非常重要的存在。

沙羅曼達

有著蜥蜴的樣貌，棲息在熊熊燃燒的烈火之中的沙羅曼達。
它還擁有藉由吞食火焰來讓自己的皮膚再生的特殊能力。

手腳

相對於大大的頭和身體，手腳
（四肢）顯得比較小。

耐火的鱗片

視灼熱的火焰為無物的強韌鱗
片。有說法認為它還會從身體
分泌出能夠治癒傷勢的物質。

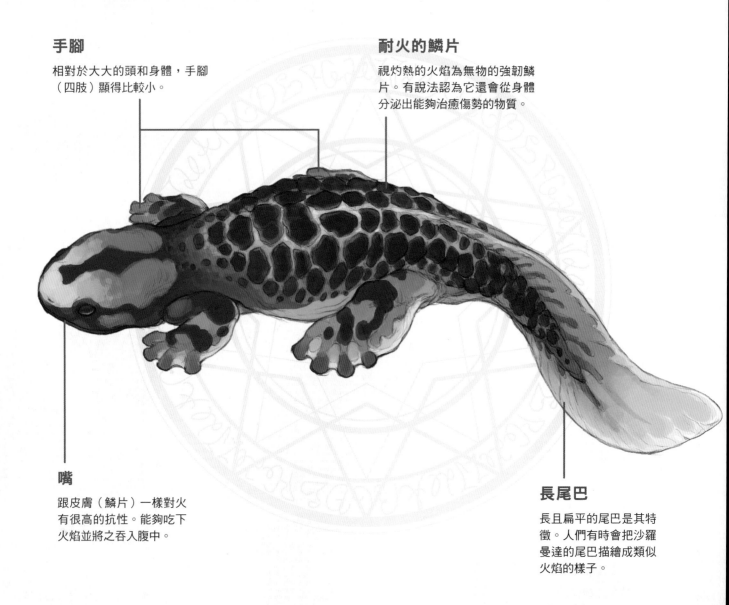

嘴

跟皮膚（鱗片）一樣對火
有很高的抗性。能夠吃下
火焰並將之吞入腹中。

長尾巴

長且扁平的尾巴是其特
徵。人們有時會把沙羅
曼達的尾巴描繪成類似
火焰的樣子。

SALAMANDER

Section 1

地上的幻獸

Section 2

天空的幻獸

Section 3

水中的幻獸

脊椎

以結實的的脊椎為中軸，能夠做出滑步爬行似的前進動作。

頭蓋骨

大山椒魚類生物的特徵之一就是頭蓋骨很大。相較於眼睛的大小，眼窩（眼球所在的窟窿處）比想像中的還要大。

肋骨

和青蛙等兩棲類一樣，是比較簡單的構造。

尾巴的骨頭

尾巴的部分有較細的骨頭。長了較長尾巴的兩棲類又被稱為有尾目。

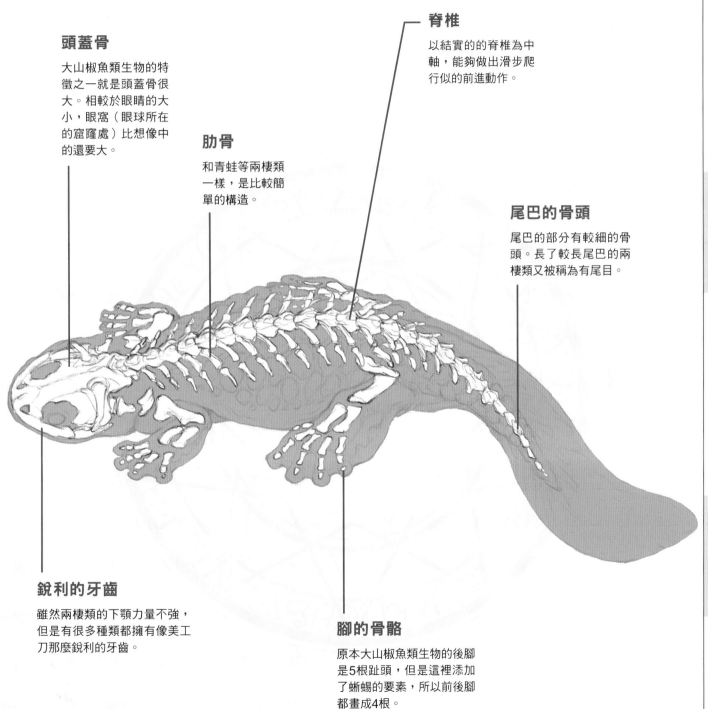

銳利的牙齒

雖然兩棲類的下顎力量不強，但是有很多種類都擁有像美工刀那麼銳利的牙齒。

腳的骨骼

原本大山椒魚類生物的後腳是5根趾頭，但是這裡添加了蜥蜴的要素，所以前後腳都畫成4根。

沙羅曼達的特徵

據說和蜥蜴以及大山椒魚很相似，

執掌火焰的幻獸——沙羅曼達。

人們認為它棲息在冒出炙熱火焰的火山，而且毒性很強。

自由自在地操縱火焰，被列為四大精靈的幻獸

地、水、風、火等四大元素的概念從古希臘一路傳承。在瑞士出身的醫師兼鍊金術師帕拉塞爾蘇斯所提倡的論點中，沙羅曼達是寄宿在四大元素中的「四大精靈」之一，以操縱火焰的精靈之名而廣為人知。它的模樣就像是蜥蜴或大山椒魚。據說它能夠自由自在使用火焰的特性，對鍊金術師而言是很神聖的存在，因而受到崇敬。

中世紀歐洲時代，沙羅曼達絕對不會被火燒毀的特殊外皮（鱗片）受到人們的矚目，王侯貴族們無一不對其趨之若鶩。也留下了許多在大街小巷販售的沙羅曼達皮，實際上是商人拿耐火性高的石棉布來造假販售的逸聞。另外，在世界知名的探險家馬可·波羅所著的《馬可·波羅遊記》裡面，也有針對沙羅曼達皮的記述，以現代的觀點來看，有人認為那種皮或許就是擁有優異防火性的石棉。

擁有爬蟲類和兩棲類的特性，也跟火蠑螈極為相似

相傳沙羅曼達身上有爬蟲類和兩棲類雙方的特性。最顯著的地方，就是包覆身軀的光滑鱗片。根據傳承所述，據說它的體表就像是冰那麼冷，因此即使身處火焰之中也有辦法生存。如果以生物學來分析它的身體特質，會發現它和擁有長尾巴的有尾目很相近，棲息於地球北側地域的可能性很高。

還有，如果試著去檢視沙羅曼達和實際生活在歐洲的兩棲類生物——火蠑螈之間的共通點也很有意思。火蠑螈的體表本身就帶有毒性，還能從發達的腮腺發射毒物。以「fire」來表現這個發射動作也成了它名字的由來。如果被火蠑螈射出的毒物噴到眼睛，應該就會伴隨著灼燒般的疼痛感吧。世間認為身為幻獸的沙羅曼達不僅執掌了火焰，身上的毒性也很強，這個特點也很類似。

SALAMANDER

Section 1

地上的幻獸

Section 2

天空的幻獸

Section 3

水中的幻獸

擁有兩棲類特有的簡單骨骼，
生命力很強

　　包含大山椒魚在內的有尾目生物擁有很強的生命力，甚至還被投入再生醫療用途。在日本，大山椒魚因為「斷成兩半也不會死亡」，因此又被稱為「半裂」（ハンザキ）。或許正是因為它強韌的生命力激發了古時候人們的想像力，沙羅曼達便作為比許多生物都畏懼的火還要更強悍的存在，誕生於世上。

　　骨骼部分的特徵是大大的頭蓋骨以及筆直延伸的脊椎。肋骨跟青蛙等兩棲類一樣都是屬於比較簡單的構造。兩棲類沒有橫膈膜，如果被太長的肋骨給包覆的話，就會出現呼吸不便的缺陷。它能驅使小小的四肢，像是在滑行那樣前進。

沙羅曼達也以「彰顯王的恆久與高潔、被火焰包覆的大山椒魚」的形象受到世人的崇拜。照片為15世紀的法國木雕作品。

棲息於歐洲的火蠑螈。因為能從腮腺發射毒物而聲名遠播。

巴西利斯克

名字的由來是希臘文之中意謂小王者的「basiliskos」。
特徵是融合蜥蜴與蛇的外貌，是種能用視線就殺害敵人的爬蟲類幻獸。

冠 這是它被稱為「小王者」的其中一個理由。
是以類似雞冠的形狀為基礎。

宛如褶傘蜥的皮膚

跟褶傘蜥一樣能開闔的皮膚，
能夠發揮嚇阻敵人的功用。

蛇的尾巴

人們認為它的下半身能
夠像蛇那樣做出橫向的
滑動。

體表

全身都帶有劇毒，能夠讓
周遭的動植物都死亡。

BASILISK

Section 1

地上的幻獸

Section 2

天空的幻獸

Section 3

水中的幻獸

頸骨

為了成為能讓頸子直立的
支柱,每根骨頭都很粗,
間隔也比較寬。

較細的尾骨

因為要能做出複雜的動
作,所以尾巴的部分分
出了細細的骨頭。

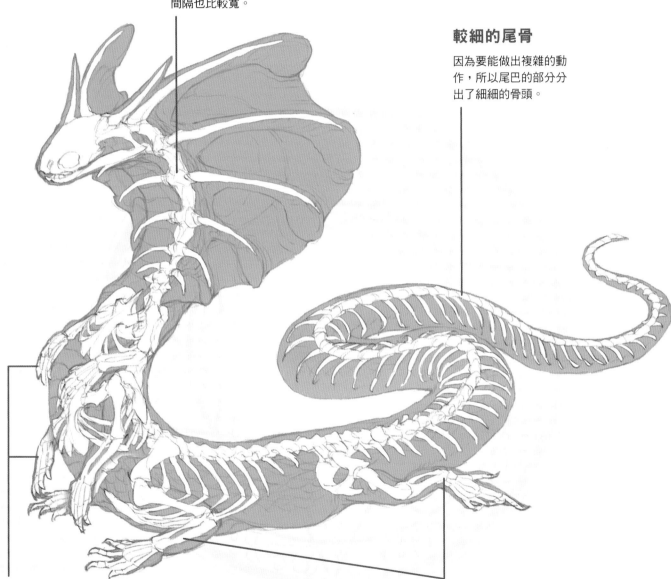

宛如雙手的前腳

指頭很長,構造就像是人類
的手那樣細緻。適合用來抓
取東西。

4條後腳

不同於位於前端的4條前腳,後
端的4條就跟爬蟲類一樣。可以
擔綱支撐整個身體的職責。

巴西利斯克的特徵

是蜥蜴跟蛇的融合幻獸，頭上還有冠狀部位。
能靠著劇毒和視線打倒敵人的巴西利斯克，
據說也是雞型態的幻獸——雞蛇的原型。

雖然體型小，卻是擁有象徵王冠的冠狀部位與劇毒的「蛇之王」

巴西利斯克在希臘文中意謂「小王者」，也被稱為「蛇之王」。古羅馬的博物學者老普林尼的著作《博物誌》之中，記載它是不滿24公分、頭部長了類似王冠的冠狀部位的蛇類幻獸。

因為全身都帶有劇毒，所以只要是巴西利斯克爬過的地方，不僅草會枯萎、岩石熔解，範圍擴大的話還可能汙染水源。因此，巴西利斯克所到之處都會變得動物絕跡、草木不生，進而開始沙漠化。甚至還因此留下了現今中東的沙漠地區就是巴西利斯克所造成的傳說。而且，相傳它也跟蛇髮怪物梅杜莎一樣擁有能夠「憑藉視線殺戮」的能力。據說只要和它對上視線的人便會立刻死亡。但也有觀點認為這或許是巴西利斯克吐息中的毒所導致的。

作為巴西利斯克的後繼者，雞型態的幻獸——雞蛇誕生了

雖然外觀像是蜥蜴，但巴西利斯克其實是「由公雞所生下來的」。有著這層背景的巴西利斯克，進入中世時代之後也逐步發展成雞蛇這種雞型態的幻獸。這個說法很可能是中世的插畫家描繪了跟雞很相似的巴西利斯克才演變而來的。雞蛇也是殺傷力很高的幻獸，光是和空中的飛鳥對上眼，就能殺害對方。外貌乍看之下跟雞毫無關係，但巴西利斯克將頭揚起所敞開的寬廣胸部，以及相對較細的腳，整體的身形輪廓就跟雞很相近。

順帶一提，據說唯一能讓巴西利斯克落敗的，很意外的竟然是鼬鼠。巴西利斯克很怕鼬鼠噴出的臭氣，對它而言可說是致命的天敵。因此，在討伐巴西利斯克的時候，傳聞人們會想辦法捕捉它、再將它扔進鼬鼠的洞穴裡便能將之殺死。

BASILISK

把頭揚起以擴展視野，
靈巧地驅使8隻腳

　　巴西利斯克能夠跟眼鏡蛇一樣把頭抬起來移動。以這個觀點來說，為了讓頸部能挺起來，上半身、特別是頸部周遭的骨骼就會比較大，而且骨頭之間的間隔也很寬，以維持平衡。只要把頭揚起便能讓視野更加開闊，跟敵人對抗時也會更加有利。

　　至於多達8隻的腳，在傳承中並未載明它們的用途，不過從骨骼的見解來檢視，前端的腳有可能是當成雙手來使用。至於後端的4隻腳就跟爬蟲類的腳一樣。它能夠用後端的腳支撐身體、用前端的腳抓捕獵物，靈活無礙地運用。考量到前端腳的可活動範圍寬廣度，也能判斷它擁有較高的智慧。它會對敵人擴張宛如褶傘蜥的皮膚，以此達到嚇阻的效果，然後再用劇毒收拾對方。若是想像它會靈活地驅動四肢、打量著已經氣絕身亡的對手，即使巴西利斯克的體型不大，也是相當令人畏懼的幻獸。

描繪男人與巴西利斯克作戰姿態的獎牌，是12世紀法國的產物。呈現蜥蜴和蛇等多種生物結合的樣貌。

像眼鏡蛇那樣把頭抬起來，就能一口氣讓視野變得比普通的蛇還要寬廣。此外，也被認為具有威嚇對手的功效。

玄 武

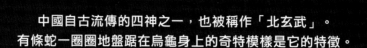

中國自古流傳的四神之一，也被稱作「北玄武」。
有條蛇一圈圈地盤踞在烏龜身上的奇特模樣是它的特徵。

外觀變得像座山的甲殼

陸龜的甲殼邊緣會隨著成長而翹起。
玄武的甲殼也像是為了要讓蛇更容易
攀附那樣變化成山峰的形狀。

盤踞的蛇

盤踞在烏龜殼上面的，是同
樣被視為吉祥象徵的蛇。

烏龜的頭

跟普通的烏龜不同，是能擬
態成岩石的特殊頭部。

BLACK TORTOISE

Section 1

地上的幻獸

Section 2

天空的幻獸

Section 3

水中的幻獸

蛇的顎骨

蛇的下顎分成兩邊，要吞下東西的時候可以往左右擴張，所以能夠吞食很大的獵物。

甲殼是肋骨

烏龜的甲殼是從肋骨變化而來的。想到那竟然是骨頭就覺得很有意思。

烏龜與蛇的連接部分

烏龜的尾巴和蛇連結在一起，表示它們一心同體。

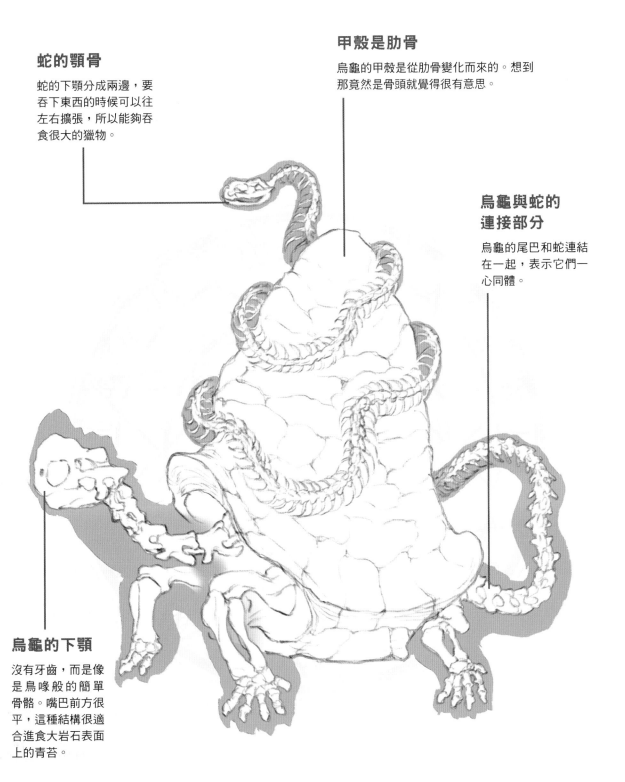

烏龜的下顎

沒有牙齒，而是像是鳥喙般的簡單骨骼。嘴巴前方很平，這種結構很適合進食大岩石表面上的青苔。

玄武的特徵

象徵長壽的烏龜和代表繁衍的蛇。
由這兩種生物合體的玄武也被視為吉祥的意象，
甚至還被認為能帶來除厄的庇佑。

作為世界的動物神被選中的四神之一

　　玄武這個中國神靈也是基於陰陽五行說而誕生的靈獸之一。「東青龍」、「南朱雀」、「西白虎」、「北玄武」，四者集結起來便是人們所謂的四神。另外也有加入「麒麟」、形成五位守護神的情況。在中國，四神之中最具魅力的就是玄武，屬於最上級的神明。這樣的五行學說也在古代從中國傳進了日本及朝鮮半島。現在在奈良藥師寺金堂的藥師如來台座和明日香村的龜虎古墳的石室內牆壁上都留有玄武的畫。

　　「玄」這個字意謂黑色，黑色在五行學說之中是表示北方的顏色。至於「武」則是存在許多說法，有觀點認為這個字是從防禦力強大的烏龜聯想而來的。如同其稱號，玄武的職責是守護北方。另外，北方在五行學說裡跟水也有很深的關係，因此玄武也被認為是「水神」。

　　以長壽聞名的烏龜，結合生命力強且象徵繁衍的蛇而形成的靈獸。玄武也因此獲得了世間的崇敬。它同時也是能驅除邪惡的神靈，從古至今都是人們極為重視的存在。

翹起的巨大甲殼與盤踞在上面的蛇，奇特感大增

　　玄武大多都被描繪成蛇纏繞在烏龜甲殼上的模樣。外觀上，它的腳就像陸龜那麼長，頗具魄力。隆起的巨大甲殼，其形狀很適合讓蛇攀附上去。順帶一提，現實中的陸龜甲殼，其邊緣也會隨著成長翹起，所以玄武的情況就某種意義來說也是很合理的吧。然後，烏龜的尾巴和蛇相連也是重點所在。

　　玄武的頭部經常被畫成跟普通的烏龜一樣，但也是有某些例子追加了充滿個性的表現。舉例來說，如果把玄武設定成能擬態成岩石的話，就能為它添加擬態這種野生生物特有的能力，提升了

真實感。還有，烏龜的嘴裡沒有牙齒，一般都會繪製成像是鳥喙的結構，但如果把嘴巴一帶畫得平坦點，就能讓它便於食用生長在岩石上的苔癬等物，更具機能性。

巨大的烏龜與蛇共生，成為洋溢著魅力的神明

說起玄武重要的要素，果然還是在於兩種生物共生的這一點吧。蛇是攻擊性很強的肉食性，至於被認為是完全草食性的大型陸龜，雖然也不會主動去獵食，但目前已經知道它們還是會吃動物的遺體等物。

不必多說，蛇非常擅長尋找獵物，同時也善於捲住獵物使其斷氣。如果將這兩種生物融合在一起的話，不只是人類，大多數的獵物想必都能輕鬆捕獲吧。

隆起的甲殼是陸龜的特徵，它和下方照片的鱷龜等水中烏龜不同，可以把頭收進龜甲的裡面。

蛇盤起的樣子十分獨特。它會滑動著長了鱗片的身體、靈巧地將自己盤起，藉此放鬆或是擺出準備攻擊的姿勢。

阿米特

在古埃及被人們所畏懼、三大食人動物的融合幻獸。
是擁有鱷魚、獅子、河馬等外觀的「吞噬死者之存在」。

鱷魚的頭
鱷魚在埃及自古以來就是備受畏懼的對象。眼睛
雖小但目光銳利，被牠鎖定的獵物都無法逃脫。

獅子的鬃毛
又厚又濃密的鬃毛令人
聯想到獅子的威嚴。

河馬的下半身
頗具厚重感的臀部
是其特徵。不光是
在水裡，就連在陸
地上也能發揮強大
的力量。

獅子的上半身
從鬃毛處連接的身體上半身
就像是獅子。肩膀一帶很壯
碩結實。

AMMIT

Section 1

地上的幻獸

Section 2

天空的幻獸

Section 3

水中的幻獸

粗壯的頸骨

就像是連厚實的臀部也要支撐起來，
頸部比一般的獅子還要粗壯。

肋骨

因為整體都頗具重量
感，肋骨與其跟獅子相
比，還更接近河馬那種
又圓又大根的肋骨。

河馬的後腳

支撐結實臀部的粗腿有
兩根骨頭連結，相當強
健。

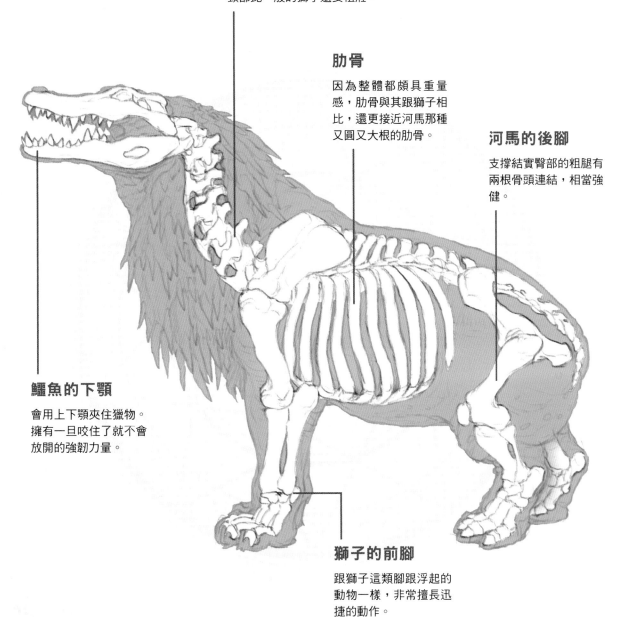

鱷魚的下顎

會用上下顎夾住獵物。
擁有一旦咬住了就不會
放開的強韌力量。

獅子的前腳

跟獅子這類腳跟浮起的
動物一樣，非常擅長迅
捷的動作。

阿米特的特徵

鱷魚的強力下顎與獅子的前腳。
另外，還要加上水中和陸地上都是主場的河馬特性，
可說是最強等級的幻獸。

在古埃及神話中登場，覬覦著惡人的心臟

　　古埃及傳承中的阿米特，是以覬覦死者心臟的幻獸形象而廣為人知的。其名也能寫成「Ahemait」或「Ammut」。

　　在埃及的神話中，人類死後，心臟（靈魂）會被送到冥界接受審判。所謂的「靈魂不滅」這種轉生的思維在埃及根深柢固，留下許多的木乃伊也是相當有名的事例，但前述的審判才是判斷死者的靈魂是否有轉生價值的關鍵場面。

　　這場冥界的審判，阿努比斯會將死者的心臟置於天秤的一端、另一端則是擺上象徵真理的瑪特羽毛。如果心臟跟羽毛維持平衡，死者將被接往樂園雅盧。然而，死者過去犯下的罪行之重將會增加心臟的重量，讓天秤傾斜。這顆滿是罪孽的沉重心臟，將會被阿米特給吞噬。

鱷魚、獅子、河馬等三大食人動物的合體

　　阿米特是鱷魚的頭、獅子的上半身、以及分量厚實的河馬下半身結合在一起的幻獸。首先，最能讓人感受到凶暴感的就是鱷魚的頭部吧。擁有一旦咬住就不會放開的強韌下顎，鱷魚除了讓古埃及人心生畏怖之外，同時也是被神格化、相當常見的動物。而這樣的鱷魚頭，又被加上了強悍獅子的鬃毛及前腳。

　　至於與獅子的背部結合的下半身，則是來自於在古埃及因為凶暴的性格而令人聞風喪膽的河馬。雖然在日本是印象相對讓人感到親近的動物，但是古埃及的認知中，牠可是被視為會像鱷魚、獅子那樣吃人的凶猛動物。如此奇特的幻獸模樣，也在埃及神話的繪畫中被留存下來。

AMMIT

知道3種特徵的話，
就能了解阿米特的威脅性

　　分別觀察鱷魚、獅子、河馬3種動物，再進一步深掘牠們各自的特徵，就能看出阿米特的具體行動。舉個例子，一般的鱷魚在捕獲獵物的時候，就會用上下顎夾住獵物。這種縱向的力量運作可說是無敵的等級。只不過，牠的牙齒無法左右滑動、也沒有手，所以沒辦法撕裂獵物。因此，牠會進行通稱「死亡旋轉」的旋轉動作，將獵物扯裂成方便吞下的大小。而阿米特就擁有獅子前腳這種最強的部位，除了能做到死亡旋轉之外，也不難想像它會靈巧地運用前腳來撕裂捕獲的獵物。

　　河馬不僅在陸地上能夠快速行走，牠在水裡游泳的速度更是不同凡響。萬一在水域邊遇上了很可能擁有水陸兩棲特性的阿米特，應該就無法順利逃脫了吧。

從古埃及流傳下來的《死者之書》。描繪了在冥界展開的死者審判。中央擺了一具天秤。蹲坐在畫面最右方等待的就是阿米特。

大家都對鱷魚和獅子的恐怖之處知之甚詳，但野生的河馬也不容小覷。據說牠在水中還能以時速60公里的速度追趕獵物。

麒 麟

麒麟是中國傳說中的靈獸，被世人奉為獸類的王者。
它是一種全身被鱗片覆蓋、擁有龍、鹿、馬、牛特徵的融合幻獸。

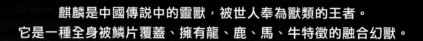

體格、高度

就像是要更加凸顯那高達5公
尺左右的身軀，頭上長了一對
氣派的鹿角。

鱗片

據說身體被鱗片覆
蓋，但亦有長有一
身毛的說法。

龍的面部

跟爬蟲類也很類似的
獨特龍面。生有飄逸
的長鬚。

K I R I N

鹿的角

角的形狀跟鹿相近，
還會讓人聯想到燃燒
的火焰。

牛的尾椎

人們認為它有著短骨但長尾、
跟牛一樣的尾巴，不過也有不
少案例會畫成馬的尾巴。

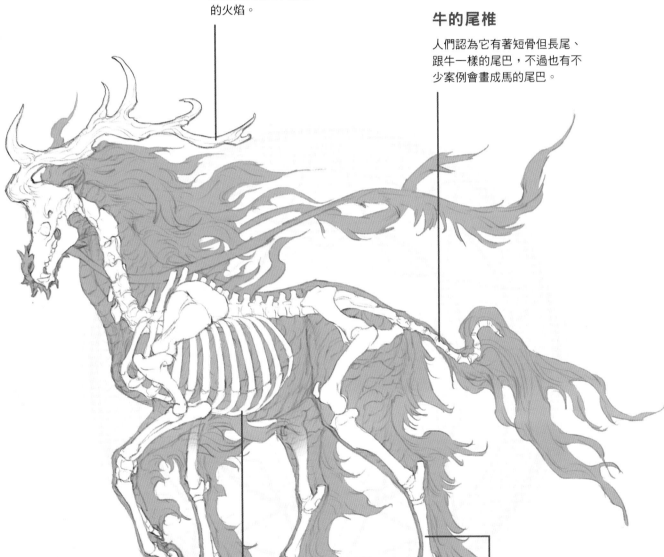

鹿的肋骨

和馬相比，肋骨和胸骨比較小，
身軀是比較緊實的。

馬的腳

每隻腳只有1個蹄，因為
腳很修長，善於行走。

麒麟的特徵

麒麟擁有龍的面部、鹿的身軀、馬的腳、牛的尾巴，
被認為是一種性格沉穩、只會在和平的時代
於世間現身的神聖幻獸。

愛護世上一切眾生，
守護四靈中心的靈獸

中國自古便依據五行說構想出「青龍」、「朱雀」、「白虎」、「玄武」等四神。這裡的四神，乃是守護東南西北四個方位的神明，而麒麟也被認為是鎮守中央的守護神。相傳它的體型高約5公尺，面部跟龍很相似，而且還擁有鹿的身軀、馬的腳、以及牛的尾巴。

於前漢時代編纂的思想著作《淮南子》裡就提到，麒麟是獸類之長，因此它也經常被拿來跟鳳凰這個鳥類之長比較。據說它的壽命長達1000～2000年，只會在和平的時代於世間出現。麒麟擁有崇高的仁德與敦厚的性情等特性，連小蟲子甚至是野草也不忍踐踏，但另一方面，也流傳有它會從口中吐出火焰來制裁惡人的說法。即便到了現代，我們還是會用「麒麟兒」來稱呼頗具才華的年輕人，麒麟這種幻獸就是這麼一種象徵開創時代的神聖存在。

長著宛如龍一般的精悍面孔，
勇猛的角和鬍鬚也很美麗

說到馬類型的幻獸，就有獨角獸和珀伽索斯等，但是麒麟和它們最大的差別，想必就在於那張跟龍很相像的面孔吧。在那張跟龍一樣被鱗片包覆的臉上，長長的鬍鬚隨風飄逸、颯爽奔馳的模樣，光是想像就能構成一幅美麗的畫面。雖然它的頭上長了鹿角，但是在古代傳承中的記載其實只有1根，然而後世的創作中大多畫成2、3根，現今的印象大多是後者。

還有一件事或許大家不太知道，那就是麒麟其實也有分雄性和雌性。雄的為「麒」、雌的為「麟」，還有說法指出雌性是沒有角的。麒麟的鱗片上長有毛，顏色也有許多種。藍色的麒麟稱為聳孤、紅色的麒麟稱為炎駒、白色的麒麟稱為索冥、黑色的麒麟稱為甪端或角端。然後最主要的黃色麒麟則是簡單地以麒麟稱之。

KIRIN

Section 1

地上的幻獸

Section 2

天空的幻獸

Section 3

水中的幻獸

兼具龍的閃耀鱗片，
以及鹿和馬的輕盈感

　　或許麒麟帶給人們最主要的印象就是馬類型的幻獸，但是也不能忽略鱗片和鬍鬚等龍的要素。至於身體像鹿、腳跟馬很類似的這個部分，感覺差異不上不下的，不太好理解。不過鹿的肋骨和胸骨都比馬還要小，身形也更加緊實。馬蹄跟鹿蹄的數量也有所差異，馬蹄只有1個、鹿蹄則是有2個。此外，馬的4條腿肌肉量很高，非常擅長「奔跑」、「跳躍」之類的動作。

　　即便據稱麒麟長了條牛尾巴，但是在現實的繪畫案例之中，人們經常把它的尾巴描繪成跟馬一樣的長毛尾。思想著作《淮南子》中，就把麒麟視為在中國古書《山海經》裡登場、直屬於黃帝的龍型生物——應龍的子孫。有論點認為所有的獸類都是由麒麟生出來的，因此不光是鹿或馬，也豐富地融入了包含牛在內的多種要素，並且傳承給後世的獸類。

被認為是江戶時代產物的麒麟造型根付。所謂的根付，是當時的武士或町人為了把煙管或印籠等小東西掛在自己的腰帶上而使用的固定用具。

從麒麟能登天的傳說來看，相較於馬，它的身體更接近鹿那樣的輕盈感，這一點很重要。此外，如同「逆鱗」這個詞彙的意涵，作為其語源的龍鱗可說是相當重要的部位。上圖是魚鱗的樣子，龍鱗也像這樣層層重疊，保護身體。

鵺

在《平家物語》裡面登場的日本妖怪──鵺。
它擁有猴子的臉、狸貓的身體、老虎的腳、以及蛇型態的尾巴。

猴子的面部

鵺長了一張猴子的
面孔，會發出詭異
的鳴叫聲。

說法各異的身軀

除了老虎之外，也有身體
像是狸貓的說法。全身都
長了厚重的毛。

蛇型態的尾巴

在其他幻獸身上也很常看
到、和蛇融為一體的尾
巴。蛇臉看起來就像是在
監視著什麼的樣子。

老虎的身體

有著醒目條紋的老虎身軀。和獅子
不同，老虎偏好單獨行動。

NUE

猴子的頭蓋骨

頭蓋骨像是猴子,下顎尺
寸比人類要再小一點。

老虎的肩胛骨

老虎的骨骼跟獅子很
相近,肩胛骨同樣也
較大。

與尾巴連結的蛇

跟其他幻獸一樣,尾
巴和蛇的部分也是骨
頭相連的。

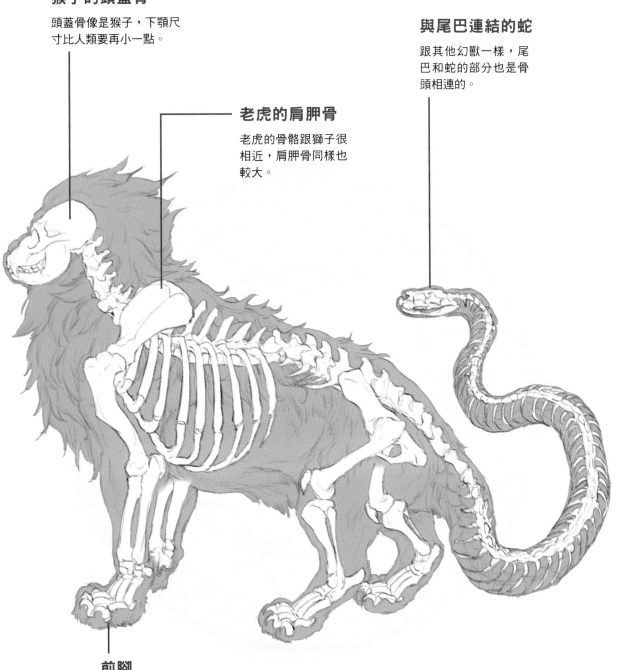

前腳

鵺的前腳並不是只會運用在狩獵的時候。
因為人們認為它也擅長爬樹,所以它的前
腳趾動起來應該會比老虎還更加靈活。

鵺的特徵

鵺這種幻獸會在夜裡發出像是人類哀號般的鳴叫聲。
因為它那結合猴子、老虎、蛇的詭異模樣，
就連平安時代的朝廷也對它避之唯恐不及。

《平家物語》也有提及，
作為不祥的怪物而廣為人知

在日本的軍記物語《平家物語》之中登場的鵺，是一種由猴子的頭、老虎的身體、以及蛇融合在一起、還長了條尾巴的幻獸。而《古事記》和《萬葉集》裡也出現過它的名字，依文獻的不同，也有出現身體是狸貓的說法。

根據《平家物語》的記述，某個夜裡，天皇居住的御殿被黑煙籠罩，周遭還響起詭異的聲音。天皇相當恐懼那個聲音，甚至因此病倒了。這時被指派來擊退始作俑者的，就是使弓的高手——源賴政。據說他朝著黑煙射出箭矢後，發出哀號的鵺也隨之墜地。

或許和河童以及座敷童子相比之下並不是那麼主流，但是鵺也成為能或神樂的劇目題材、在日本各地甚至還留下一些相傳是鵺埋葬之處的鵺塚，是一種和日本的文化存在深刻連結的幻獸。

被稱為日本的奇美拉，
具備猴子、老虎、蛇的特徵

以奇美拉為首，西方世界存在許多融合型的幻獸，而我們也可以把鵺稱為日本的奇美拉。因為是日本的幻獸，所以把它的頭和臉想像成日本獼猴也是很自然的事。但是日本獼猴的身體要拿來和老虎合體的話就顯得太小了。如果要換個例子，衣索比亞就有一種名叫獅尾狒的猴子，不僅體型較大、臉跟背部還被長毛覆蓋，模樣相當有魄力。因此，即使《平家物語》的記載只說是猴子，但是從各式各樣的猴子特徵來讓想像力自由馳騁應該也是不錯的選擇吧。

另外，它跟西洋幻獸領域中大家都很熟悉的蛇也有關聯，這一點也很有意思。

Section 1

地上的幻獸

Section 2

天空的幻獸

Section 3

水中的幻獸

即使被認為是幻獸，
但也出現了它或許真的
存在的不同觀點

　　鵺的特徵之一就是它的叫聲。據說那像是人類哀號聲的尖銳聲音，跟虎斑地鶇這種鳥類的聲音很相似。雖然那個聲音不舒服到能讓天皇病倒，但是從那陣黑煙之中發出來的，會不會是虎斑地鶇或猴子的聲音呢？

　　此外，《平家物語》的記述中有提到，捕獲被箭射中的鵺之後，它的遺骸就被扔進鴨川，最後一路漂流到大阪的蘆屋。擔心它作祟的當地人便築了鵺塚將其埋葬。時至今日，日本很多地方都有鵺塚被留存下來。某個傳承表示靜岡縣的奧濱名湖是鵺的遺骸落地之處，因此也留下了「三日町鵺代」和「胴崎」等地名。

　　古時候的人們會從自己對自然現象或任何事物所萌生的恐懼與畏怖想像出妖怪或是幻獸。但是以鵺的場合來說，就有很多讓人不禁思考它是否真的存在的記述以及史蹟。平安時代與鎌倉時代，透過與中國的貿易，朝鮮等海外地區的珍奇情報也因此傳入日本，或許這也是讓融合了各式各樣要素、真相不明的大型猴子逐漸發展成鵺的原因之一也說不定呢。

日本獼猴與獅尾狒。人們認為平安時代，日本或許出現了日本獼猴以外的巨大猴子，也有可能是外來種。所以把長長的尾巴誤當成蛇，好像也並非不可能的事。

名為虎斑地鶇的鳥類。會發出「咻咻」這種既奇特又令人感到不適的詭異鳴叫聲。因為到了繁殖期也會在夜裡發出叫聲，所以也多了「鵺」這個別稱。

半人馬

在希臘神話中登場的半人半獸種族。
它們擅長弓術、腳程也很快，但是性格暴躁，是很危險的存在。

人類的上半身

身體上半部是人類的
姿態，據說它們也能
理解人類的語言。

厚實的胸膛

為了與身體下半部的
馬身取得平衡，胸肌
跟腹肌都非常厚實。

馬的下半身

下半身就是健壯的馬身。
不僅很擅長全速奔馳，據
說有時也會願意載人。

KENTAUROS

Section 1

地上的幻獸

Section 2

天空的幻獸

Section 3

水中的幻獸

較大的鼻腔

因為是帶有野性的生物,所以五感應該也相當優異。特別是影響嗅覺的鼻腔比較大,就連遠處的氣味都能夠分辨。

兩組肋骨

因為是半人半獸的關係,所以胸脯也有兩處,這一點很重要。至於肺臟是不是也有兩副、其他器官會不會也很發達等問題都是令人感興趣的細節。

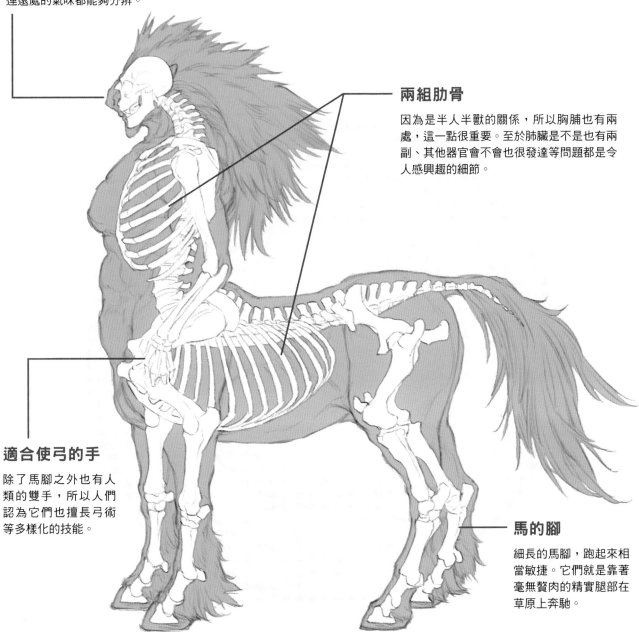

適合使弓的手

除了馬腳之外也有人類的雙手,所以人們認為它們也擅長弓術等多樣化的技能。

馬的腳

細長的馬腳,跑起來相當敏捷。它們就是靠著毫無贅肉的精實腿部在草原上奔馳。

半人馬的特徵

除了哈比之外，還存在許多其他的半人半獸類型的幻獸。
在那之中最具盛名的種族，就是半人馬。
群體中有許多性格暴躁之輩也是相當廣為人知的事。

與人類也有交流的頑強半人半獸，是相當自負、嗜酒的粗暴存在

在希臘神話中登場的半人馬，其名稱「肯達羅斯」（Kentauros）並不是指單一的個體，而是作為神話中歷史悠久的種族名稱被使用。關於半人馬的源流眾說紛紜，除了傾慕天后希拉的伊克西翁國王與雲變成的「假希拉」交合後誕生該種族的說法之外，還有伊克西翁與雲交合後生下了名為肯達羅斯的小孩，之後肯達羅斯又跟母馬發生關係，才誕生了半人馬族的說法。

半人馬是個能夠理解人類的語言並進行交流的種族，其中最富盛名的，就是居住在色薩利山中的凱隆。它是一位通曉占星術和醫學的賢者，但其他的半人馬族成員有不少都是嗜酒且性情暴戾的性格。此外，它們也性好漁色，因此半人馬也被視為是象徵色慾的幻獸。

半人馬的名聲響亮，起源與壽命也充滿謎團

半人馬擁有難以出其右的弓術能力。不過關於它們那種奇怪的身體結構，據說後世的學者們認為是「古希臘人在色薩利平原遇見了斯基泰人這支騎馬民族，因為對他們的強悍感到畏懼，才產生了半人馬這樣的想像」。

雖然沒有關於它們種族壽命的記載，但世人認為半人馬擁有「不死的能力」。在神話故事中，凱隆的學生海格力斯射出一支塗有大海中的幻獸——希德拉的劇毒的箭矢，結果不幸射中了凱隆的膝蓋。為了脫離毒發的痛苦，凱隆便將不死的能力轉移給泰坦神族的普羅米修斯，最後身亡。眾神之王宙斯對此感到相當惋惜，於是就把凱隆升上天空成為星座，也就是「射手座」。

這個種族是何時滅絕的？還有從生物學觀點來看，因為擁有人類和馬共2處胸脯，所以肺活量應該也很強？對於它們種族生態的興趣真的是毫無止盡。

KENTAUROS

除了優秀的能力之外，
野性的外觀也相當吸引人

　　半人馬的體型跟馬很相近，是一種生了兩條手臂、4條腿的奇特生物。所以它們具備能夠結合人類手臂與馬的耐久力、在全速奔馳的情況下還能施展精湛弓術的能力。為了和強韌的馬型態下半身取得平衡，想像它們的上半身是精壯結實的模樣也是再正常不過的想法。

　　在繪畫等創作中大多將它們的上半身描繪成跟普通人類的相仿的樣子，但是面孔、頭髮、手臂，再加上馬的氛圍，就能讓人感受到更具野性的韻味。如果設定它們的嗅覺跟聽覺都很靈敏的話，鼻腔跟耳朵等部位應該也會比較大。

半人馬就像是性情暴躁的烈馬。雖然個性粗暴、喜歡打架，但是它們的勇敢與威猛或許也能説是長處呢。

這幅16世紀的繪畫描繪了半人馬與老虎搏鬥的英姿。它們作為半人半獸的代表性存在，被刻劃進許許多多的藝術作品裡。

蠍尾獅

用那張宛如老人的奇特臉孔瞪視，並舉起蠍子般的尾巴。
相傳是攻擊性很強、嗜食人肉的凶惡怪物。

蠍子的尾巴

與甲殼類相同的外骨骼。進入攻擊狀態的時候，就會舉起跟蠍子一樣的尾巴。

獅子的身體

像是獅子的強壯四肢。從尾巴是類似甲殼類的外骨骼這點來思考，體表很可能也非常堅硬。

老人的面孔

據說面部很像人類，特別是跟年老的男性很相像。披散著白髮，令人感到不快。

MANTICORE

四足步行動物的頸部

人類的頸子就位於頭顱下方，所以比較短，但是四足步行動物的頭是向前方伸出，所以頸部比較長。

跟人類一樣的嘴巴

雖然骨骼與人類相同，但是卻長了一口猛獸般的利牙。

尾巴的根部

位於根部連結處的尾椎被強韌的肌肉包覆，因此會出現大的突起。

獅子的腳

為了支撐沉重的尾巴，因此想像它的腳就跟獅子的一樣結實。

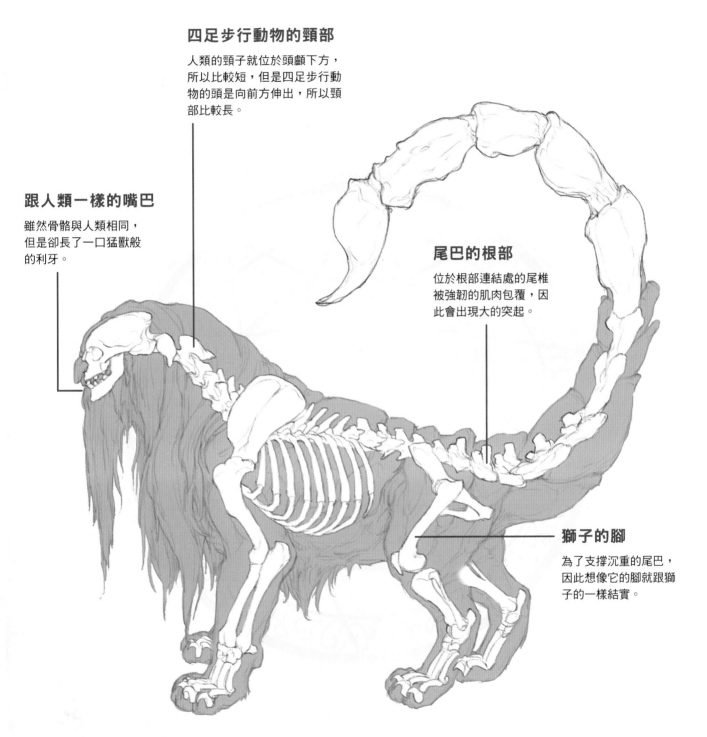

蠍尾獅的特徵

擁有人類的面孔、獅子的身軀、以及蠍子尾巴的幻獸。
尾巴（尾節）的前端生有毒針，
能夠用毒物捕獲人類，再吞噬他們的血肉。

棲息於印度或非洲的秘境，
嗜食人肉的凶暴怪物

蠍尾獅的原文「Manticore」，就是古希臘文之中表示「Man Eater」（食人者）的語源。它的樣貌和體態都很奇怪，長了人類的臉、獅子的身體、另外還有蠍子的巨大尾巴。如同其名意涵，它是一種喜歡吃人肉的恐怖幻獸（也有論點認為是源自於印度的食人虎）。

相傳除了印度之外，它也生活在衣索比亞的森林或沙漠地帶，以深邃的洞窟作為巢穴。或許蠍尾獅有可能跟獅子和蠍子一樣是屬於夜行性的生物吧。

特別醒目的是它那像是人類（特別是老年的男性）的面孔，此外也善於模仿人類的聲音。在近年的創作中，也能看到它能理解人類語言的描寫。因此，人們也認為一旦鎖定目標之後，蠍尾獅應該就會施展帶有戰略性的狩獵模式，模仿人類的聲音去騙人、把對象引誘到無路可逃的洞穴或深谷之後，再伺機捕食。

擁有能夠讓人立即斃命的劇毒。
攻擊時就會擺出舉起尾巴的架式？

蠍尾獅擁有蠍子般的尾巴。跟其他的螯肢亞門（節肢動物類）生物一樣，尾巴應該也是外骨骼的形式。然而以它的體型大小來看，光是這樣就會讓尾巴的重量變得很可觀。為了支撐這樣的外骨骼尾巴，所以蠍尾獅的四肢就跟獅子一樣強健。

在尾巴根部的連接處，尾椎部位被強韌的肌肉給包覆，所以能看到很大的突起。準備對敵人發動攻擊的時候，它應該會擺出將頭下壓、伸展後腳、並且舉起尾巴的姿態。

另外，尾巴處有毒針的就只有成年個體而已（還未成熟的幼獸沒有毒針）。因此，據說如果人類抓到了蠍尾獅的幼獸，為了不讓它們在長大

以後長出毒針，就會先用石頭砸碎它們的尾巴。

下顎的力量其實很弱？
吃人肉時就像是在舔拭

　　蠍尾獅的口腔裡長了像是猛獸的利牙（也有一說是長了3列咬合的牙齒）。只不過，它的頭不過就是人類頭部的大小，下顎的咬合力道或許並沒有那麼強。

　　它們在品嘗最愛的人肉時，會先用尾巴的毒針殺害獵物，或是讓其失去行動能力，接著用獅子般的前腳抱住對方。然後很可能會花上很長一段時間、像是在舔拭那樣小口咀嚼。

　　另外，也有其他的觀點認為蠍尾獅或許會從嘴裡分泌能夠溶解肉、讓肉變得更加柔軟的毒物。但不論是哪一種，它都是性格凶猛、食慾旺盛的存在。

　　還有，它的眼睛就像是鮮血那樣赤紅。腳的前端生有銳利的爪子，像是人類皮膚之類的東西都能輕易地撕裂。

　　因為長了沉重的外骨骼尾巴，一般都會認為它應該無法做出靈敏快速的動作，但是根據傳說的記載，蠍尾獅動起來是極為敏捷的。

蠍子用毒針攻擊目標的時候，會把背部拱起並高高地舉起尾巴。順帶一提，蠍尾獅的毒針含有能立即讓人類致命的毒性，但是面對大象時似乎就無法發揮效果了。

部分的蠍子被紫外線光照射之後，身體就會呈現祖母綠或是藍綠色。所以蠍尾獅的尾巴被紫外線光照到的話，應該也會發光吧。照片為帝王蠍。

北歐神話

根據北歐神話的說法，世界的起始是「火」與「冰」的世界。諸神就是在火的世界「穆斯貝爾海姆」和冰的世界「尼福爾海姆」這兩個世界的狹縫間誕生的。接下來，諸神又孕育了「巨人」、「妖精」、「人類」、等種族，也開創了他們各自居住的9個世界。是在現今的挪威、瑞典、丹麥、冰島等地域流傳的神話。

■主要的幻獸 [克拉肯] [加姆]

羅馬神話

以義大利半島為中心開創繁榮時期的古羅馬所傳承的神話，受到希臘神話很大的影響。因為積極地吸收希臘神話的故事，所以羅馬神話與希臘神話之間存在著相當深切的關聯性。也具有登場的幻獸跟希臘神話中的幻獸很相似的傾向。

■主要的幻獸 [有許多與希臘神話共通的幻獸]

希臘神話

透過吟遊詩人們廣為流傳的古希臘神話。紀元前8世紀左右的吟遊詩人荷馬在其兩大敘事詩作品《伊利亞德》和《奧德賽》中彙整了希臘神話。之後詩人海希奧德又以《神譜》和《工作與時日》二作加以整理，流傳至現代的希臘神話基礎便就此完成了。

■主要的幻獸 [克爾柏洛斯] [奇美拉]

埃及神話

古埃及人相信世上有許許多多的神存在，據說數量可能超過1000位。埃及神話跨越了3000年之久的歲月，持續對古埃及人的「死後世界思維」以及「天地創造思維」帶來影響。

■主要的幻獸 [阿米特]

印度神話

古印度流傳的神話。以「吠陀神話」、「梵書·奧義書神話」、「敘事詩·往世書神話」等形式傳承。其中有著大象的頭和4條手臂的神明「迦尼薩」相當有名。

伊朗神話（波斯神話）

與祆教有著很強連結的神話，跟印度神話之間也有許多共通點。

■主要的幻獸 [西摩格] [畢爾麥亞]

阿茲特克神話

於阿茲特克時代的中墨西哥流傳的神話。相傳世界創造了5次，同時也有5個太陽存在。根據傳說，在現在的太陽之前的4個太陽都隨著時代滅亡了。

■主要的幻獸 ［阿維特索特爾］［羽蛇神］

日本神話

712年，稗田阿禮與太安麻呂奉元明天皇之命編纂《古事記》；舍人親王等於720年完成《日本書紀》，日本神話便以此建立。伊邪那岐和伊邪那美這對夫婦神運用「天之沼矛」在大海上創造了島嶼，之後降臨在那片土地上，日本就此誕生。雖然不是幻獸，但天照大神、須佐之男命等神明都相當出名。

COLUMN 1

幻獸×世界的神話 MAP

世界上存在著許許多多的神話。
與神話一同誕生的幻獸也是千奇百怪。
神話會深刻地反映出誕生國度與地域的特性。
以神話為基礎所誕生的幻獸，也同樣會呈現出
該地域的氣候、風土、自然環境等濃厚的韻味。

地上的幻獸
[骨骼圖鑑]

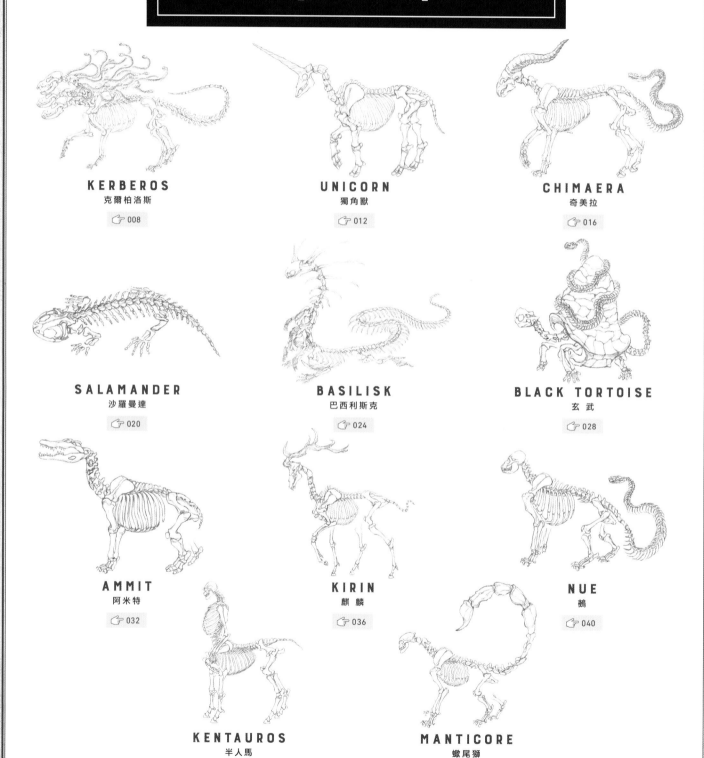

KERBEROS
克爾柏洛斯
☞ 008

UNICORN
獨角獸
☞ 012

CHIMAERA
奇美拉
☞ 016

SALAMANDER
沙羅曼達
☞ 020

BASILISK
巴西利斯克
☞ 024

BLACK TORTOISE
玄武
☞ 028

AMMIT
阿米特
☞ 032

KIRIN
麒麟
☞ 036

NUE
鵺
☞ 040

KENTAUROS
半人馬
☞ 044

MANTICORE
蠍尾獅
☞ 048

Section 2
天空的幻獸

不死鳥

優雅地舞動著光彩奪目的美麗飾羽、
有著一身深紅色羽毛的不死鳥，是以長壽聞名的奇鳥。

冠羽

頭部長著燦爛華麗的
冠羽，可從中感受到
高貴的氣質。

飾羽

擁有大型的尾部飾羽。
會大幅擺動翅膀飛行。

身體

與鳥相似的模樣，據說體
型大概是禿鷹的大小。

PHOENIX

Section 1

地上的幻獸

Section 2

天空的幻獸

Section 3

水中的幻獸

翅膀的骨骼

能讓它優雅地擺動翅膀
的就是被稱為指骨的骨
頭。因為翅膀很大，所
以指骨也比較長。

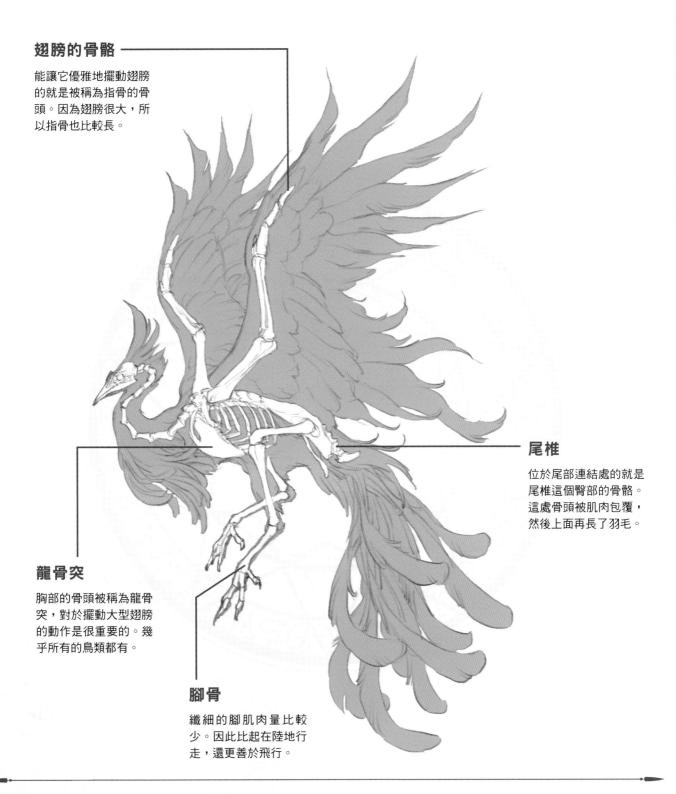

尾椎

位於尾部連結處的就是
尾椎這個臀部的骨骼。
這處骨頭被肌肉包覆，
然後上面再長了羽毛。

龍骨突

胸部的骨頭被稱為龍骨
突，對於擺動大型翅膀
的動作是很重要的。幾
乎所有的鳥類都有。

腳骨

纖細的腳肌肉量比較
少。因此比起在陸地行
走，還更善於飛行。

不死鳥的特徵

除了不死之鳥，還擁有火之鳥的別名，
是能夠活上500年之久的神鳥。它擁有宛如燃燒烈焰般的深紅色羽毛，
看到那優雅的飾羽之後，沒有一個人的心能不被它擄獲。

不死鳥是高尚的神鳥，重複著自盡與復活，獲得永恆的生命

相傳在埃及神話中登場的不死靈鳥——貝努是其根源，在世界各地都有它的夥伴。除了中國的鳳凰、日本的火之鳥以外，甚至還有說法認為就連不屬於鳥類、棲息於火焰之中的火精靈沙羅曼達也是與它相近的夥伴。

不死鳥是執掌太陽（火）的神鳥，根據傳說的記載，在活了500年以後，它就會引火燃燒用樹枝、松脂、乳香等素材築起的巢，並且投身於烈火之中殞命。接著從灰燼裡頭會出現小蟲、小蟲會變成幼鳥，過了3天之後就會以不死鳥成鳥的型態復活。

因此，基督教文化圈便將它視為復活與不死的象徵。在日本，也有手塚治虫以不死鳥傳說為基礎所創作的漫畫《火之鳥》這類廣為人知的例子，知名度相當高。

死而復生的不死鳥會將自己的遺骸送進太陽神殿

人們相信不死鳥從灰燼之中復活以後，就會將自己的遺骸送進位於赫利奧波利斯（位於開羅近郊的古埃及都市）的太陽神殿。因此，不死鳥也帶給人一種會進行國與國之間、大陸與大陸之間、甚至是跨越時空旅行的印象。

只不過，在中世到近世的想像圖，或者是於現代創作中登場的不死鳥，大多是擁有大型飾羽的優雅姿態。

也就是說，不死鳥並不是候鳥（不會進行季節性移動），而是留鳥那樣的存在。或許它被世人視為會停留在某個地域，作為不死與安定的象徵，守護著世世代代的人們。

據說不死鳥的體型大概是禿鷹那樣的大小。羽毛是深紅或金、紫、青等鮮豔的顏色。

PHOENIX

象徵著
永恆生命與優雅的
大型美麗飾羽是
其特徵所在

　高貴的神鳥不死鳥，宛如鷺科般精悍的頭部被華美的冠羽妝點，鮮豔的尾羽也閃耀著燦爛的光彩。因為雙腳的肌肉較少，所以並不是像雞那樣在地上行走生活，而是更擅長在空中振翅飛行的類型。

　尾部的飾羽很大，所以不同於候鳥那種掌握風的狀態進行長距離飛行的模式，應該是更類似鷺科那種平時靜止不動，需要時才大幅擺動雙翼、振翅翱翔的生態吧。

　這裡補充一下，鳥類之中生有顏色鮮豔、外觀華麗的飾羽的，大多數都是雄性。這是為了作為第二性徵，向雌鳥彰顯自己的強悍與氣派。

根據羽毛花紋的不同，給人的印象也會大幅改變。創作時在尾羽畫上像是孔雀羽毛那種圖案、讓飛行羽更豐厚、增加頭部或胸部的羽毛，都是不錯的選擇。照片是雄性孔雀飾羽上的圖案。

據說原產於中國西南部的紅腹錦雞（雉雞的相近種）就是不死鳥外觀的模板。這個看法也相當根深蒂固。

龍

會從巨大的嘴巴噴出火焰的怪獸王者。
在眾多幻獸之中也以壓倒性的存在感與人氣享譽盛名。

翅膀

背上生有巨大的翅膀，展現出其優異的飛行能力。

嘴巴

說到龍就不能不提那張會吐出烈焰的嘴巴。其威力驚人，據說能將一切都燃燒殆盡。

鱗片

龍身上有許多爬蟲類的要素。身體也被堅硬的鱗片給覆蓋。

DRAGON

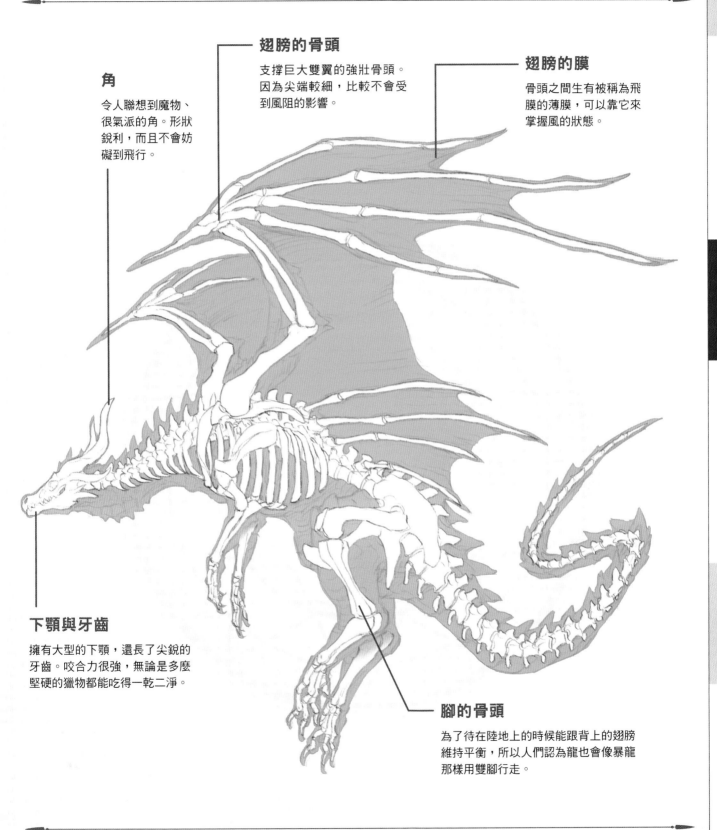

翅膀的骨頭

支撐巨大雙翼的強壯骨頭。
因為尖端較細，比較不會受
到風阻的影響。

翅膀的膜

骨頭之間生有被稱為飛
膜的薄膜，可以靠它來
掌握風的狀態。

角

令人聯想到魔物、
很氣派的角。形狀
銳利，而且不會妨
礙到飛行。

下顎與牙齒

擁有大型的下顎，還長了尖銳的
牙齒。咬合力很強，無論是多麼
堅硬的獵物都能吃得一乾二淨。

腳的骨頭

為了待在陸地上的時候能跟背上的翅膀
維持平衡，所以人們認為龍也會像暴龍
那樣用雙腳行走。

Section 1

地上的幻獸

Section 2

天空的幻獸

Section 3

水中的幻獸

龍的特徵

世界上最著名的幻獸之一。
除了擁有爬蟲類般的身體之外，背上還長了像是蝙蝠的巨大雙翼。
不光是西方，也棲息於東方的世界。

棲息在世界各地的最強幻獸。
龍真的有噴出火焰的能力嗎!?

在世界各地的神話與民間傳說中登場的知名幻獸。不僅具備能夠理解人類語言的智能，還擁有飛行能力優異的巨大翅膀以及4隻腳。根據有力論點，古希臘文裡表示蛇或海生爬蟲類的「drakon」就是其名稱的語源。

世人認為龍會從嘴裡噴出火焰。特別是在中世以後，這樣的描繪在繪畫或書籍插畫之中也增加了。因此，龍就是會將一切人事物燃燒殆盡的殘忍怪獸，這樣的印象也開始在世間廣為流傳。到了現代，就像很多電玩遊戲裡登場的龍那樣，龍也經常被賦予能施展魔法的形象。

龍的種類相當多樣化，像是沒有前腳的雙足飛龍（wyvern）、棲息在大海的利維坦、長了好幾顆頭的希德拉等都是大家很熟悉的類型。在日本和中國，龍被描繪成沒有翅膀、生有4隻腳的形象（也有像是大蛇那樣沒有腳的類型，但不管是哪邊的龍，大多都具備在空中飛行的能力）。

龍生活在陸地上，棲息於洞窟或是深谷之中，守護被各路盜賊覬覦的金銀財寶。

龍具備爬蟲類的特徵。
它是怪獸中的王者，
同時也是破壞的象徵

龍的頭部擁有跟鱷魚或蜥蜴等爬蟲類很相似的特徵。

大大的下顎，嘴裡排列著銳利的牙齒。咬合力相當強，不管是多麼堅硬的獵物，龍都能靠著那口利牙劃破外皮、扯裂肌肉、就連骨頭應該都能咬碎吧。即使在戰鬥中讓牙齒損傷，之後還是能持續不斷地再生也說不定。

許多場合都將龍描繪成殘忍的怪物，或許它的頭上那對會讓人聯想到魔物的氣派的角也是原因所在。

Section 1

地上的幻獸

Section 2

天空的幻獸

Section 3

水中的幻獸

DRAGON

身體表面被堅硬的鱗片給覆蓋，還長了一雙宛如蝙蝠的巨大翅膀。翅膀的骨頭之間有一層被稱作飛膜的薄膜，透過它可以讓龍在掌控風勢情況（或者是使用魔力）的同時進行飛翔。

此外在一些插畫裡面，龍的前後腳配置方式也跟恐龍很相近。因此，或許龍也具備很強的步行能力。因為背上的翅膀相當巨大的關係，我們也能想像它在運用雙腳行走的時候，為了取得平衡，應該會採取略為往前傾的姿勢。

龍的臉部模樣跟爬蟲類很相似。在狩獵大型獵物的時候，或是與外敵戰鬥的時候，它們可能會像咬住獵物的鱷魚那樣旋轉身體、把對方的骨頭都給扯裂。

內藏複數古代生物骨骼的地層叫做骨層。從這樣的地層中，就可能挖出多種不同的生物重疊的化石。看到這般景象的古代人，也許就這麼將之想像成合併有複數生物特徵的「怪物」也說不定。照片為加拿大的伯吉斯頁岩和翡翠湖，前者是世界知名的骨層地帶。

珀伽索斯

以一身美麗的毛與雙翼讓人傾心的白馬——珀伽索斯。
相傳能夠騎在它背上的，就只有神明和英雄而已。

白馬的胴體

據說它的形象是美麗的白馬，身體在太陽和月亮的光照射下就會閃閃發光。

巨大的翅膀

擁有和鳥類一樣的雙翼。翅膀很大，能讓它自由地在天空振翅翱翔。

背部

普通的人類無法跨上這神聖的背部，唯有神明和英雄能夠騎乘它。

PEGASUS

Section 1

地上的幻獸

Section 2

天空的幻獸

Section 3

水中的幻獸

馬與鳥類結合的部分
馬的肩胛骨形態有所變化,上方
銜接了禽鳥的上腕骨。

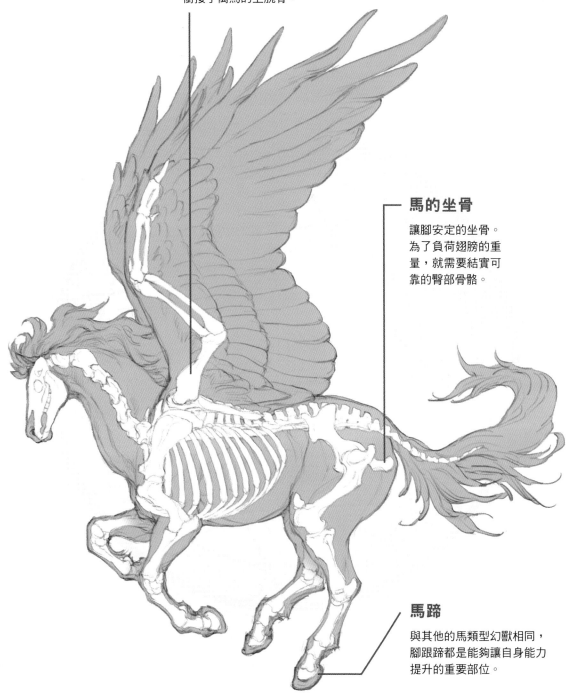

馬的坐骨
讓腳安定的坐骨。
為了負荷翅膀的重
量,就需要結實可
靠的臀部骨骼。

馬蹄
與其他的馬類型幻獸相同,
腳跟蹄都是能夠讓自身能力
提升的重要部位。

珀伽索斯的特徵

傳說中自梅杜莎的首級裡面誕生的白馬，
可說是世界最知名的幻獸之一。
它的背部生有美麗的翅膀，能夠飛到天空中的任何一個角落。

擁有巨大的雙翼、
氣質高貴的珀伽索斯
竟然是從怪物梅杜莎身上誕生的!?

珀伽索斯生活的地方據說是以希臘為中心的南歐地區，以及中亞地區一帶。珀伽索斯（或稱佩加索斯）的意涵即為「飛行之物」，是源自於希臘神話的著名幻獸。在白馬的身軀上長出了鳥類的巨大翅膀，能夠在天空中自由自在地飛行。

珀伽索斯可說是怪物梅杜莎的孩子。相傳懷有海神波賽頓孩子的梅杜莎被英雄珀爾修斯斬下頭顱之後，珀伽索斯便從切口處誕生了（也有說法認為是從頭顱切口流出的鮮血所形成的血海中誕生的。同時間出生的還有它的兄弟巨人克律薩俄耳。克律薩俄耳之名就是「持有黃金劍之人」的意思）。相傳珀伽索斯是不死之身。

它是高貴的幻獸，一般人是沒辦法騎乘它的，只有神明或英雄等少數人能獲准騎到它的背上。珀伽索斯會鼓動氣派的雙翼，飛向這塊大地的每

一個地方，甚至就連傳說中諸神居住的奧林帕斯山的山頂都能抵達。據說如果珀伽索斯腳蹬大地的話，那個地方就會湧出甜美的泉水。

馬會從全身的汗腺排出汗水。
珀伽索斯也是因為汗水的關係
才顯得閃閃發光的!?

自古以來，馬匹就是非常貼近人類生活的存在，也被視為神聖的生物而受到崇敬。在那之中，白馬就更是稀有了。無論是在東方還是西方世界，都留下了白馬是神明使者的傳說。

人們認為白馬珀伽索斯或許平時就是背後散發出光暈的形象。之所以這麼判斷，是因為馬科的生物會從全身的汗腺排出大量的汗水。因此也不難想像在天空中翱翔的珀伽索斯，身體被太陽或月亮的光照到之後便會散發出神聖的光輝。

馬是腳上長了蹄的奇蹄類生物，跑起來飛快無

PEGASUS

珀伽索斯只會讓神明和英雄騎上自己的背部。在很多創作中都將它描述成裝備馬彎和韁
繩等基礎馬具的勇猛姿態。在繪畫和雕刻作品中也有許多穿戴馬具的例子。

比自然不用多說，而且耐久力也很強。因此，相傳珀伽索斯會奉眾神之王宙斯的命令載運閃電與雷鳴、展開長距離的飛行。

　　除此之外，據說珀伽索斯的脾氣不好，即使從屬於神明或英雄，也並非成為他們豢養的家畜。前面我們也曾提到過，能坐上它背部的就只有英傑層次的人物。因此，除了作為聖獸那一面的凜然英姿，珀伽索斯同時也洋溢著野性的氛圍。

　　只不過，透過英雄貝勒羅豐騎著珀伽索斯討伐怪物奇美拉這則神話，我們還是能看到它被描繪成穿戴戰馬用的簡單器具，以及女神雅典娜授予的黃金韁繩這樣的樣貌。

哈比

擁有可愛的少女面容，實際上性格卻相當野蠻，因而聞名。
是種有時會掀起強烈風暴的半人半鳥類型幻獸。

大翅膀

翅膀的上部生有名為
綿羽的柔軟羽毛，
能發揮維持體溫的效
果。

少女的臉與胸部

從臉到胸部的部分是
「半人」的狀態。大
多是少女的模樣。

鳥類的下半身

從腰部到腳、尾等部分都是
鳥類型態。會揮舞著魄力驚
人的爪子四處作惡。

HARPY

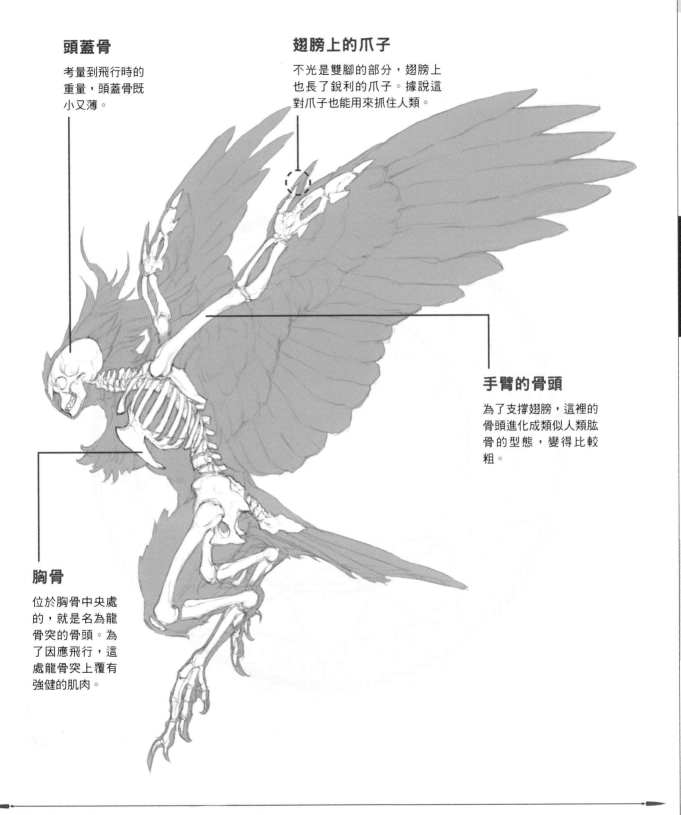

頭蓋骨

考量到飛行時的重量，頭蓋骨既小又薄。

翅膀上的爪子

不光是雙腳的部分，翅膀上也長了銳利的爪子。據說這對爪子也能用來抓住人類。

手臂的骨頭

為了支撐翅膀，這裡的骨頭進化成類似人類肱骨的型態，變得比較粗。

胸骨

位於胸骨中央處的，就是名為龍骨突的骨頭。為了因應飛行，這處龍骨突上覆有強健的肌肉。

Section 1

地上的幻獸

Section 2

天空的幻獸

Section 3

水中的幻獸

哈比的特徵

用利爪抓住人類，將他們拖往深淵的不祥怪鳥。
它們有著四處尋找殘羹剩飯、隨意便溺的不潔習性，
因此被世人所忌諱。

大啖殘羹剩飯的貪欲鳥型怪物。
有時還會掀起強烈的風暴

　　在希臘和羅馬的古代神話中登場的半人半鳥幻獸。擁有少女的面孔、隆起的胸脯、鳥類的雙翼與下半身（據說很類似禿鷲）。

　　古希臘文的稱呼是「Harpuia」，其名意謂著「掠奪者」。頭部並非只有少女的型態，將其描繪成老婦人樣貌的例子也所在多有。

　　臉部因為肚子餓的關係而顯得消瘦，臉色總是很憔悴。一旦發現殘羹剩飯就會狼吞虎嚥，飽餐一頓之後就會隨地便溺，然後揚長而去。

　　只要某處散發出腐敗的臭味，人們就會認為那是哈比留下的氣味，避之唯恐不及。

　　哈比的巨大爪子可以抓住人類，相傳還會將為惡之人（特別是殺害親族之人）拖進死亡的國度。

　　然而它們原本是風的精靈，與彩虹女神伊麗絲還是姊妹關係。根據神話的描述，也有說法認為哈比其實是三姊妹，分別為長女埃羅（意指疾風）、次女俄庫珀忒（意指飛快之物）、三女刻萊諾（意指暗黑之物）。

　　據說它們主要的棲息地域在歐洲地區。

胸骨處的大龍骨突為其特徵。
運用發達的飛翔肌，
朝著天空振翅飛起

　　在哈比的骨骼圖示中最引人注目的，就是位於胸骨處的龍骨狀薄骨。這種骨頭在鳥類的身上相當發達，而翼龍類（於白堊紀滅絕、擁有皮膚質翅膀的爬蟲類）身上也確認有這樣的骨頭。這個地方就叫做龍骨突。根據哈比會獵捕人類將之帶走的傳說，可以判斷它們的飛行能力相當高超。支撐巨大翅膀的骨頭，就像是人類的上腕骨那麼粗。為了維持飛行能力，骨頭裡面是空心的，所以實際上的重量應該很輕盈。

H A R P Y

至於擁有少女面容的頭部也是一樣，頭蓋骨不但小，也比較薄，重量應該也很輕。

至於那看上去宛如女性乳房的胸部處隆起，應該也能判斷是附著於龍骨突上的發達飛行肌所形成的。

因為是頭部跟人類相像的幻獸，所以嘴巴也和人類的很相近。哈比的嘴並不是鳥類那種鳥喙，也並不是像狗那樣的長型嘴。它的身上也沒有能自由活動的手臂。在吃殘羹剩飯的時候，應該會像狗吃東西那樣低頭大快朵頤吧。

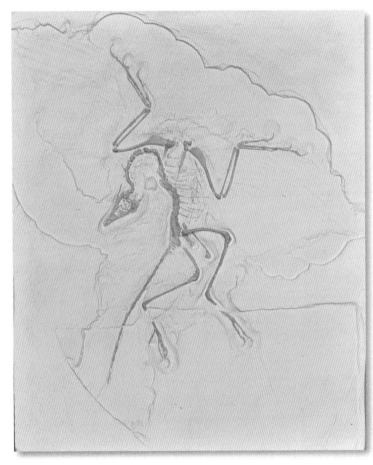

1876年在德國中南部的都市艾希施泰特挖掘出的始祖鳥骨骼化石（複製品）。古代人看到這組化石的時候，應該會想像成半人半鳥的怪物吧。能抓住人飛行的哈比，胸骨處的龍骨突想必也很發達。

創作時，關於人類頭部的部分不僅是現代人類，史前人類也可以作為參考。照片為佛羅勒斯人（Homo floresiensis）的頭蓋骨複製品。頭部比起現代人要顯得更小，是其特徵所在。
（TCA東京ECO動物海洋專門學校收藏）

石像鬼

佇立在神殿的集雨管道，面露銳利目光、臉上掛著無畏的神情。
因為也帶有爬蟲類的要素，所以也是洋溢著惡魔般氣息的存在。

宛如惡魔的面孔

令人膽寒的面容，也蘊
含了除魔的意義。

翅膀／背鰭

背上長了翅膀，有時還能看到
背鰭。從背鰭來判斷，它可能
也有水生幻獸的特性。

石頭身體

身體是石頭構成的，
能夠承受風吹雨打，
相當堅固。

長尾巴

長尾巴的尖端有會讓人聯想到
惡魔的尾鰭狀物。

GARGOYLE

Section 1

地上的幻獸

Section 2

天空的幻獸

Section 3

水中的幻獸

翅膀／背鰭的骨頭

不知道是要用來飛行還是
用來游泳的。但感覺並不
是硬骨，可能是部分帶有
彈性的軟骨。

角

與頭蓋骨融為一體的
角。這或許是不會再
重生、相當重要的
角。

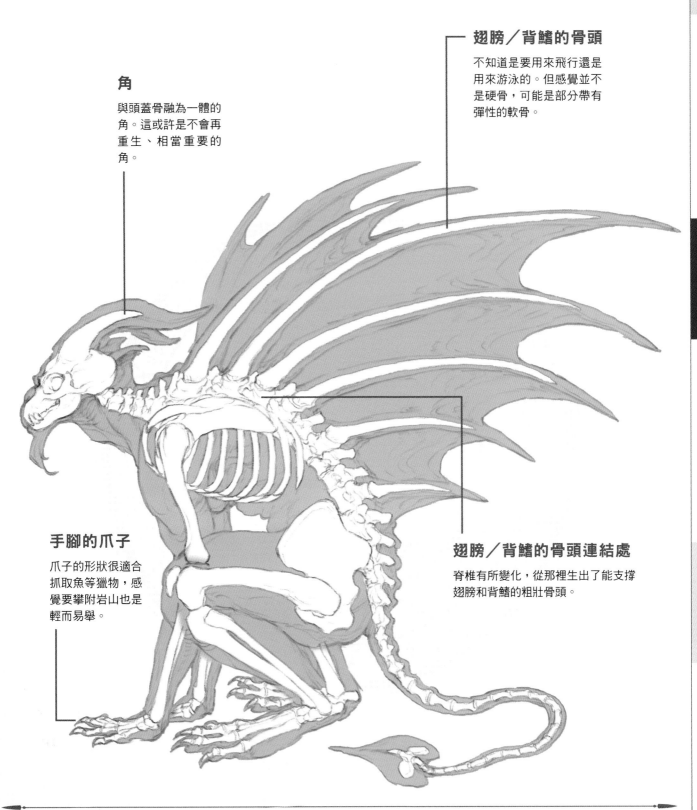

手腳的爪子

爪子的形狀很適合
抓取魚等獵物，感
覺要攀附岩山也是
輕而易舉。

翅膀／背鰭的骨頭連結處

脊椎有所變化，從那裡生出了能支撐
翅膀和背鰭的粗壯骨頭。

石像鬼的特徵

石像鬼是除魔的雕像怪物！？

在夜深人靜的修道院，宛如惡魔的雕像

突然有了意志並動了起來。它的真實面貌，究竟是善還是惡呢？

守護神殿或修道院的怪物。
狀似惡魔的雕像開始活動了

　　姿態很像惡魔的幻獸。並不是源自於神話或是民間傳承，原本是裝設在神殿或是教堂、修道院集雨管道的裝飾物。人們相信石像鬼的裝飾或雕像具有除魔的效能。

　　石像鬼（或者是以其為主題的裝飾物）的歷史非常悠久，在古希臘的神殿或古埃及的神廟就能發現它的原型裝飾物。到了近代，則是以裝設在巴黎聖母院的石像鬼最為出名（主要於19世紀時設置）。

　　最早的階段以動物為意象的案例最多，據說現在大家看到的惡魔姿態設計形式是中世之後才出現的。

　　這些裝設在宗教設施上的除魔雕像，會在杳無人跡的深夜突然開始活動⋯⋯會讓以前的人這麼想像也是很理所當然的吧。

　　在一些奇幻作品或是角色扮演遊戲中，石像鬼作為敵方陣營可說是招牌角色中的代表性存在，相傳它們的身體是由堅硬的石頭構成的。

長在背部的是翅膀還是背鰭呢？
它們也可能是
棲息在水域周遭的爬蟲類

　　插畫中的石像鬼都將骨盆處描繪得很精壯。從這一點便會讓人聯想到哺乳類，但是因為還長了背鰭，感覺又像是爬蟲類或盤龍類（於二疊紀盛極一時的生物）的相近種。

　　因為它們都擺在神殿或修道院等高聳建築物的屋頂一帶，因此也帶給人會在天空飛翔的印象，但是從身體結構來判斷，可推測它們其實是跟水有所淵源的生物。或許平時就有往來於陸地和水域的習性也說不定。

　　至於背上那像是翅膀的部位，會不會其實不是用來飛行的，而是並排的背鰭呢？

GARGOYLE

在水裡面的時候能夠用來改變身體的方向並獲得推進力。此外還可發揮調節體溫的效用，天氣寒冷的時候還能捲起來包覆身體，炎熱的時候就張開來散熱。所以背鰭處的膜裡面應該密布了微血管。還有，背鰭的部分應該不全是硬骨，其中一部分可能是帶有彈性的軟骨。

一般認為它們的體長相當小，種類方面也相當多樣化。或許有很多都像是原猿類（例如眼鏡猴）那種小型種吧。

手腳爪子的形狀很適合用來抓捕魚等獵物，另外也像海鬣蜥那樣擅長攀爬陡峭的岩場。

至於長尾巴的前端，還有一處會讓人聯想到惡魔的尾鰭狀物。

石像鬼的裝飾或雕像相傳具有除魔的意義。照片是裝設在法國巴黎聖母院的石像鬼雕像。

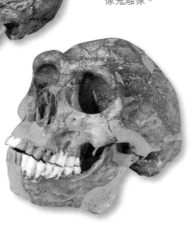

石像鬼的嘴部跟爬蟲類或哺乳類很相像，大多被描繪成擁有異形齒的樣貌。照片為尼安德塔人（Homo neanderthalensis）的頭蓋骨複製品。
（TCA東京ECO動物海洋專門學校收藏）

獅鷲

宛如體型巨大的鷲等猛禽類與獅子的融合幻獸。
雖然擁有凶暴的一面，但也被喻為是宣示效忠神明的靈獸。

猛禽類的眼睛

因為眼睛不是位於頭部兩側，而是前方，所以便於掌握距離感，能更輕鬆地捕獲獵物。

獅子的下半身

身軀的型態是鳥類的上半身連結獅子的下半身。

猛禽類的上半身

擁有宛如鷲等猛禽類的上半身。

尾巴的羽毛

尾巴有個像是小撮羽毛的部位，留下了顯著的鳥類要素。

GRIFFON

Section 1

地上的幻獸

Section 2

天空的幻獸

Section 3

水中的幻獸

優秀的聽覺

宛如貓頭鷹的近親，入夜之後視
覺會變強，還能藉由聲音來正確
判斷獵物的所在位置。

獅子的尾巴

尾部尖端的蓬毛處
可以用來掌握風的
狀態。

尾椎與尾羽的骨頭

結合了獅子的尾椎和
鳥類尾羽的骨頭。

猛禽類的前腳

雖然前腳不善於在陸地
上行走，但是很適合用
來抓住東西。

獅子的後腳

就像是為了輔助不適合行走
的前腳，獅鷲長了一對獅子
般的後腳。

獅鷲的特徵

它擁有能殘酷地撕裂人類的凶暴性格，
但同時也是會對自身信奉的神明展現無盡忠誠的幻獸。
擁有巨大的猛禽類雙翼，可以自由自在地於天空飛行。

結合天空與大地王者的幻獸。
居住在純金的巢穴，
而且還會吃人

　　由鷲等猛禽類的上半身，與獅子的下半身合體
的幻獸。也有「Griffin」或「Gryps」等稱呼，
其中也有長了蛇或蠍子尾巴的類型存在。

　　它在紀元前的古希臘抒情詩與悲劇中偶有登
場。其中獅鷲現身的輪廓最為清晰的，據聞是紀
元前5世紀左右由古希臘歷史學家希羅多德所撰
寫的歷史書籍《歷史》。在這部含有許多幻想創
作的書籍裡面，指出獅鷲棲息的地方是斯基泰北
部地區（現今的裏海東北），而且竟然會築起純
金的巢。另外也有它們生活在衣索比亞和印度的
說法。

　　獅鷲擁有猛禽類這種空中霸者以及陸地之王獅
子的身體，其存在被喻為是強悍的象徵，經常被
使用在皇家的紋章等處。但它的性格十分凶暴，
如果有人類想到它的純金巢偷竊，就會被它逮

住、連內臟都被吃得一乾二淨。

有時展開美麗的雙翼，
翱翔於天際；有時邁出後腳，
在大地上步行

　　獅鷲也擔綱了為希臘神話中的眾神之王宙斯、
太陽神阿波羅、女神涅墨西斯搭乘的馬車拉車的
任務。因此，它會對負責相同職責的馬車用馬懷
抱強烈的敵對心。跟獅鷲相似的幻獸還有駿鷹，
相傳是由獅鷲與母馬所生下的。

　　獅鷲擁有猛禽類的眼睛，因為不是位在頭部的
兩側而是正前方，是它顯著的特色。這讓它更能
輕易地掌握距離感，提升捕獲獵物的能力。

　　猛禽類的腳並不適合在陸地上行走，這是因為
拇趾（內側）處的爪子會妨礙步行的關係。所以
這裡的插畫有刻意把它的拇趾位置調高，畫成比
較方便行走的樣子。

獅鷲的前腳推測是以抓取東西為主要的動作。在拉動神明搭乘的馬車移動的時候，可能會像雙足步行的恐龍那樣懸著前腳，或者是用前腳抓著馬車把手，然後以那對獅子後腳來行走。

**侍奉神明，
自尊心很強的幻獸。
覬覦它純金巢的盜賊
都會被利爪給撕裂**

臀部長了條獅子的尾巴。因為獅鷲會在空中飛行，所以也有創作會將尾巴的前端繪製成水平尾翼般的尾鰭狀物。有人認為它會巧妙地運用這個尾鰭狀物，一邊掌握風的動態、一邊穩定滑行與著地時的姿勢。

擁有猛禽類頭部的獅鷲，其聽覺也相當優秀，無論是多麼細微的聲音都能分辨出來。一聽到動靜，它就會現身逮住想盜取自己棲息的純金巢與神酒的宵小之輩，然後用它的鳥喙和銳利的爪子殘忍地將對方四分五裂。

獅鷲擁有鷲等猛禽類的上半身。其精悍的面容自然不需多說，羽毛的模樣也很美麗。

獅鷲不僅代表了強悍，也是富裕的象徵。經常會用於皇家的紋章或貴重寶物的意象設計。照片中是11世紀左右的青銅水罐，收藏於奧地利維也納的藝術史博物館。

雞蛇

雖然是巴西利斯克的演進型，不過基底是雞。
擁有能讓敵人石化的特殊能力，以及有如刀刃般的利爪。

頭部

混合了雞與蛇的頭部
特徵，醞釀出神祕的
氣息。

雞的上半身

據說上半身是雞的型態，
還生有氣宇軒昂的雞冠。

蛇的尾巴

長長的蛇尾不但能用來
攻擊，還能在休息的時
候捲在樹幹等處。

COCKATRICE

牙齒

長了現代鳥類沒有的
牙齒，散發出原始生
物的氛圍。

胸骨

因為胸骨處的龍骨突
並不發達，所以無法
飛得很高。

尾巴的骨骼

既粗又結實的骨頭一路相連。
能夠用尾巴捲住獵物，封鎖他
們的行動。

髖骨

支撐雙腳的大型骨頭
叫做髖骨。在這處髖
骨之後，就變形成蛇
的骨骼。

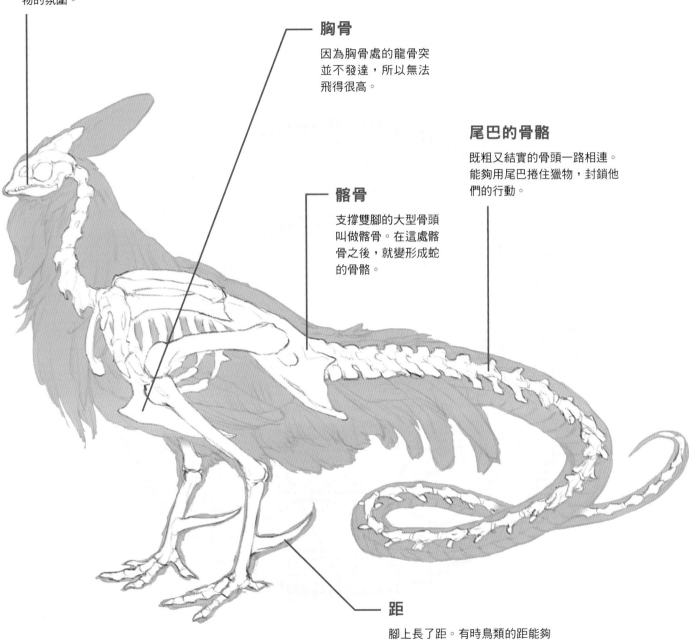

距

腳上長了距。有時鳥類的距能夠
成為比鳥喙還要強力的武器。

雞蛇的特徵

合併鳥類與爬蟲類特色的幻獸，
還具備了讓人類石化的特殊能力。同時作為會帶來疫病的存在，
也讓中世的人們對它感到極為畏懼。

雞與蛇的融合幻獸。
擁有讓敵人石化的特殊能力

在雞（公雞）的身體上結合蛇尾的幻獸。也有身體是龍的類型。

7歲公雞產下的蛋讓蛇或是蟾蜍孵9年，據說就能孵化出雞蛇（以同樣方式誕生的幻獸還有巴西利斯克。也有說法認為它們是同一個種類，巴西利斯克是雄性、雞蛇則是雌性。）。

雞蛇擁有強大的魔力，根據傳說，一旦和它對上視線、接觸到它呼出的氣就會被石化。中世以前，它似乎也被視為散播疫病的存在而被世人所忌諱。

主要的棲息地據說位於歐洲和北非地區。關於體長的部分，身體是雞的類型包含尾巴在內大約是1公尺左右；身體是龍的類型全長大概有數公尺之多。

平時會在陸地上步行生活？
以宛如刀刃、銳利的距發動攻擊

因為身軀是雞的關係，胸骨部分的龍骨突並沒有那麼發達。即使擁有氣派的翅膀，但平時應該都是在陸地上生活。這對翅膀可能不是用來飛行，而是作為幫身體保暖的手段。即使要在空中飛行，比起鼓動翅膀，應該是更接近從能夠低空飛行的高度進行滑翔的印象吧。

此外，在創作中強調腳上的「距」這個部位，就能表現出雞蛇的攻擊性。對於雞之類的鳥類而言，比起鳥喙，距還更像是武器（在某些國家的鬥雞活動，有時還會在這個地方裝上小型的刀刃）。相較於前面提到的巴西利斯克，雞蛇使用距來發動的物理攻擊是比較強的。另外，也有雞冠部分長了角（突起物）、凸顯其如同鶴鴕的凶暴性格以及怪物強悍之處的類型。

COCKATRICE

有的類型在鳥喙中生有牙齒，
像是蛇那樣的尾巴
在陸地生活時也很便利

現在的鳥類沒有牙齒（不過有鳥喙呈現鋸齒狀的種類），但如果是像插圖那樣長了牙齒，就能讓人從中感受到翼龍或始祖鳥那樣的原始生物氛圍。

蛇的尾巴不僅擁有能提升作為幻獸的神祕性、以及作為魔獸的詭異感的效果，還能在需要待在樹上休息的時候捲在樹木的枝幹上。留有顯著爬蟲類（分類體系上很接近）特徵的鳥類，即使擁有尾巴也不會顯得突兀。應該也能採用以尾巴捲起獵物、封鎖對方的行動之後，再用雙腳上長長的距刺向對方這種攻擊手段。

順帶一提，在某些案例中也能發現像是鵺或玄武那樣在尾巴的部分還長了蛇頭的表現手法。在這種場合，或許尾巴端的蛇頭還能憑藉自身獨立的意識來對敵人發起攻擊也說不定呢。

胸骨上附著了讓翅膀運動的肌肉，而所謂的龍骨突就是胸骨的一部分。一般來說這個部位越大的話，飛行能力也會越強。照片為雞的骨骼標本。
（TCA東京ECO動物海洋專門學校收藏）

鳥類擁有跟恐龍類很相近、與爬蟲類也很相似的特性。在我們設計雞蛇的時候，除了主要的雞以外，也可以參考有羽恐龍系之中的獸腳類。

西摩格

擁有巨狼的上半身，靠碩大的翅膀往前推進。
在伊朗神話之中被視為鳥類之王而受到敬畏，是洋溢神祕氛圍的幻獸。

狼的頭部

這副巨大身體的頭部，
是讓人聯想到狼的精悍
面孔。

腹部

狼與鳥類結合的腹部。
從頭部到前腳是狼的獸
毛，腹部的地方開始長
出羽毛。整體來說鳥類
的要素很強。

獅子的腳

生有粗壯強韌的獅子腳。

孔雀的尾羽

據說尾部生有孔雀般的
美麗飾羽。

SIMURGH

頭蓋骨

與翅膀的大小比較之
下顯得比較小，但只
看頭部的話已經相當
可觀了。

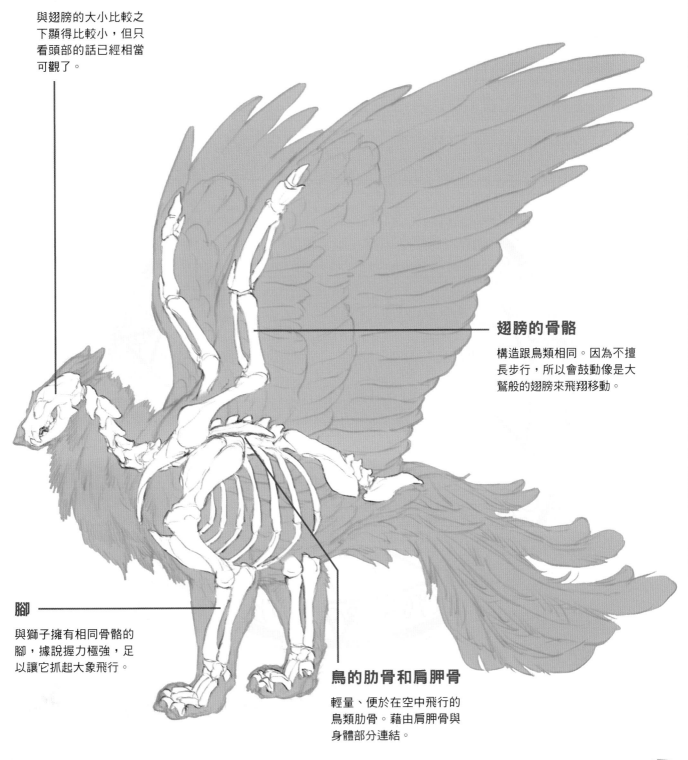

翅膀的骨骼

構造跟鳥類相同。因為不擅
長步行，所以會鼓動像是大
鷲般的翅膀來飛翔移動。

腳

與獅子擁有相同骨骼的
腳，據說握力極強，足
以讓它抓起大象飛行。

鳥的肋骨和肩胛骨

輕量、便於在空中飛行的
鳥類肋骨。藉由肩胛骨與
身體部分連結。

西摩格的特徵

傳說中能夠抓起大象飛行的巨型鳥類幻獸。

性格沉著冷靜，有時也會將自己在1700年漫長生涯中

所獲得的智慧傳授給人類。

棲息在高山山頂的鳥類之王，兼具慈悲心與怪力

西摩格是源自於伊朗神話（波斯神話）的鳥類幻獸，也擁有「鳥之王」這個別稱。

身體結構很有特色，擁有讓人聯想到狼的精悍頭部、像是獅子的強壯腿部與銳利的爪子、猛禽類的巨大翅膀、以及孔雀美麗的尾羽。這副身軀相傳能抓起大象飛向天空。

西摩格生活的地方從東南亞到印度，再跨到非洲。在波斯的敘事詩《列王紀》裡，記載它會在伊朗北部的阿勒布爾茲山脈的頂端築巢，並留下許多描述它理解人類的語言、擁有高深智慧的逸聞。

並非危害人類的魔獸，而是在許多描寫中被讚頌為宛如神明化身的高貴存在，是西摩格的一大特徵。

也有很多跟不死鳥類似的傳說。最後也會自己投入烈焰中死去

關於西摩格的頭部，在不同的時代其基礎都有所不同。3～7世紀大多是狼，中世的繪畫或插圖中則是老鷹或大鷲之類的猛禽類。另外，前面提到的敘事詩《列王紀》也記錄了西摩格養育人類棄嬰的傳說，所以也有某些例子是將它描繪成擁有人類面容的幻獸。

因為它會養育被遺棄的孩子，從這種慈悲性格也衍生出在傳說中登場的西摩格都是雌性的說法。只不過它不會分泌乳汁，所以是用血來餵養棄嬰的。

西摩格的壽命大約是1700年。據說它因為在長年的歲月中守護著人類的生活，因此擁有深遠的睿智。

另外，它也留下了跟源自埃及神話的不死鳥類似的故事。關於西摩格跟不死鳥其實一模一樣、或者屬於類似種類幻獸的論點也深植人心。

SIMURGH

Section 1

地上的幻獸

Section 2

天空的幻獸

Section 3

水中的幻獸

　　舉個例子，西摩格一路看著雛鳥成長之後，便會領悟到自己死期將至，於是便會跳進燃燒的烈火中自盡。除此之外，它的羽毛遠聞也擁有迴避困難、治療疾病或受傷患部的力量，這些都跟不死鳥很相似。

　　據說西摩格能用像是獅子的腳抱起大象一飛而起。因為這裡說的是抱起大象、或是用爪子抓住的動作，所以本書插圖從身體長出的並不是後腳，而是前腳。因為身體結構的關係，西摩格很可能在走路或攀爬等場合都很不方便。因此，據分析它應該是像大鷲那樣以飛行來進行移動的。

西摩格擁有狼的上半身。其外觀之美也讓它成為古美術的題材。在3世紀到7世紀治理現在的伊朗和美索不達米亞的薩珊王朝，當時的寶物等也經常看到這樣的設計。

相傳西摩格長了孔雀的尾羽。孔雀那奢華的飾羽其實是尾上覆羽，尾羽是照片中央那種沉著的色調。

幻獸、化石與想像力

被認為大約是在6600萬年前的白堊紀末期滅絕的恐龍，已經在地球上持續繁榮了約1億6000萬年之久。人類的祖先大概是誕生於500萬年前，拿來與恐龍的歷史比較，就更能實際感受到人類歷史還很短暫。而那些恐龍的骨頭以化石的形式被發現，也已經是現代人很熟悉的事實了。

在恐龍研究已經一路持續進展的現代，如果有相當巨大、真相未明的大腿骨化石出土，人們都會推測那應該是恐龍的骨頭。

只不過……對於那些尚未理解恐龍的存在的太古人類來說，舉個例子，要是發現了蛇頸龍的化石，他們又會怎麼想呢？

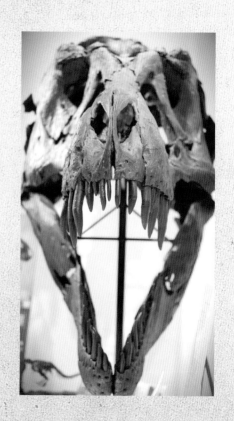

在許多神話的原型奠基的時代，地球上當然已經不存在蛇頸龍之類的生物了。即使蛇頸龍那條「長脖子」的骨頭被發現了，人們應該也很難理解那是頸部的骨頭。對太古的人類而言，恐龍的化石就是形態奇異生物的痕跡。即便從中衍生出恐懼的念頭或敬畏之心，也並不是什麼稀奇的事。

化石並非是專屬於現代的產物。在恐龍繁盛的時代以後，地球上應該一直都有化石被發掘出來吧。倒不如說相較於現代，化石在神話誕生的時代數量應該也比較多。那是現實中確實存在於那個場所的奇異化石。

　　而且那個時候並不像現代這樣擁有進步的科學。入夜之後立刻就被黑暗給包覆，整個世界也籠罩在謎團之中。在那條地平線的盡頭有著什麼樣的世界呢？在那條地平線的另一頭存在什麼東西？天空的上面又有什麼？謎團中能夠讓想像力介入的縫隙實在是太多了。

　　在那種環境中誕生的幻獸們，對當時的人類來說毫無疑問就是真實存在的。那些幻獸們無法以「單純的想像」這個詞彙來總結，或許正是因為如此，人類才能在漫長的歲月中一路承繼想像力的世界，一直生活到今天的吧。

天空的幻獸
[骨骼圖鑑]

PHOENIX
不死鳥
☞ 056

DRAGON
龍
☞ 060

PEGASUS
珀伽索斯
☞ 064

HARPY
哈比
☞ 068

GARGOYLE
石像鬼
☞ 072

GRIFFON
獅鷲
☞ 076

COCKATRICE
雞蛇
☞ 080

SIMURGH
西摩格
☞ 084

Section 3
水中的幻獸

克拉肯

樣貌像是章魚或烏賊的幻獸——克拉肯。
能自由自在地操控海水，其威脅性也在歐洲被傳承下來。

烏賊的眼睛

烏賊的眼球特徵是大又
帶有透明感。獲取視覺
情報的能力很優秀。

身體

看似頭部的上層部位，
實際上是墨汁和內臟所
在的身體部分。周圍生
有鰭。

觸手

不管是認為克拉肯是章魚
還是烏賊的說法，它們都
會舞動著多條觸手。

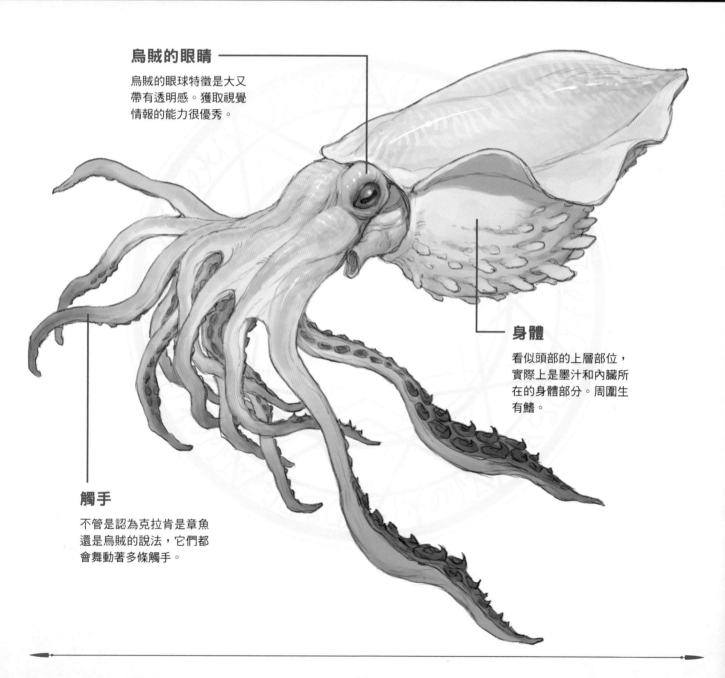

KRAKEN

※章魚和烏賊都沒有骨頭，
所以只畫出軟骨的部分。

身體部分

為了保護內臟和眼睛，
身體的長端處有軟骨通
過。

牙齒

在觸手連接處根部的
中心藏有牙齒。用觸
腕捕獲的獵物會送到
這裡咬斷後吃下。

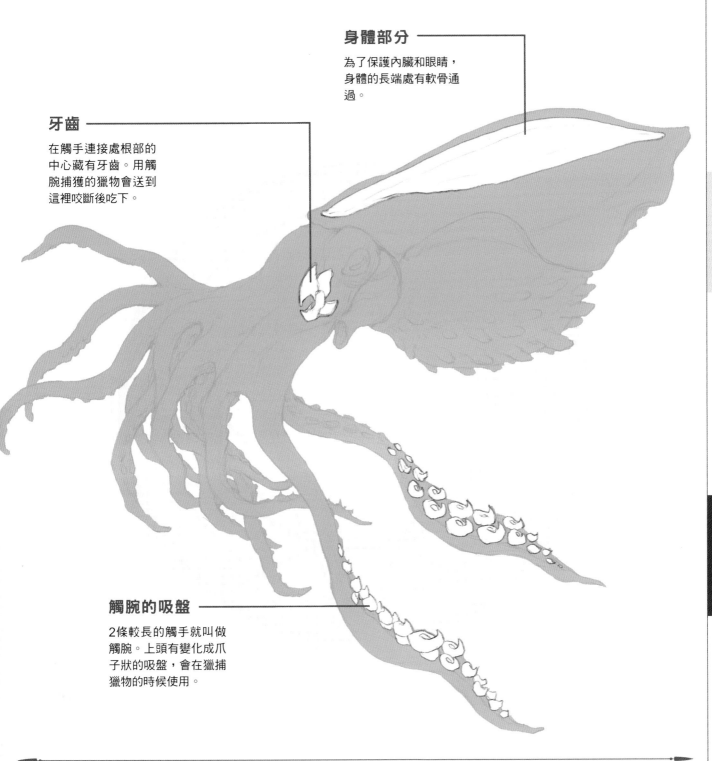

觸腕的吸盤

2條較長的觸手就叫做
觸腕。上頭有變化成爪
子狀的吸盤，會在獵捕
獵物的時候使用。

克拉肯的特徵

相傳會襲擊船舶的海中怪物。
它的真面目究竟是章魚，還是烏賊呢？
被附有吸盤的長腕（觸手）抓到之後，就再也無法逃脫了。

北歐的船員們極為畏懼，
近似於頭足類的巨型海中幻獸

　　歐洲的人們知曉克拉肯的存在是在18世紀的中期。丹麥作家，同時也有主教身分的艾里克·彭托皮丹所著的《挪威的自然歷史》中出現了相關記述，據說就是契機。

　　克拉肯的身體擁有跟章魚或烏賊等頭足類相似的特徵。雖然是多腕的怪物，但最初的時候還被認為是長了觸手的魚類、甲殼類、水母或海星，甚至還有超巨型鯨魚的說法。特別是大型的種類，據說尺寸跟一座海上小島差不多。平時都潛在海裡，等到有船舶靠近的時候就會出現在海面上，接著用觸手捲住船隻讓其沉沒、捕食掉入大海的船員。當克拉肯沉入海中的時候，就會引發巨大的漩渦，甚至是滔天大浪。

　　不只是小艘的漁船，克拉肯是連大型軍艦都能擊沉的凶暴怪獸，因此斯堪地那維亞和冰島的漁夫們都非常害怕它。然而另一方面，大量的小魚會為了吃克拉肯的排泄物而聚集在一起，因此據說它也是漁獲豐收的象徵。

棲息在深海地帶的克拉肯
來到淺海是為了繁殖！？

　　普遍的論點都認為克拉肯是章魚型的怪獸。不過也有說法指出它的模板（真面目）其實就是真實存在的大王烏賊。基於這個緣故，我們能看到關於克拉肯樣貌的描述中經常摻雜出現章魚與烏賊的特徵。本書的插圖也是吸盤類似烏賊、觸腕則與章魚相近。

　　試著想像一下克拉肯的生態，如果是這麼巨大的生物，平時應該是潛伏在深海區域才對。然後進入繁殖期以後，為了產卵的克拉肯就會來到沿岸的海藻林或岩場，然後排除接近產卵區域的礙眼船隻。

　　也就是說，要表現在海裡游泳的樣子時就強調

KRAKEN

善於游泳的烏賊特色、要描繪在沿岸攻擊船舶的
場面時就強調類似章魚的特徵,應該就會更容易
醞釀出氛圍。

　　頭足類的大眼睛是它們的特徵。發現從沉沒的
船中掉入海裡的人類,並且用觸腕抓住他們,可
見它很長於在瞬間理解透過視覺所獲得的情資。
跟現實中的章魚和烏賊一樣,克拉肯也會吐出墨
汁。墨汁量十分驚人,據聞能將整片海域都給染
成一片漆黑。

　　烏賊類的壽命很多都只有1年左右(即便是全
長超過15公尺的巨型大王烏賊,據推測也只有幾
年而已)。如果克拉肯擁有和烏賊相似的特徵,
它的成長速度應該是令人訝異地快。另外,章魚
類的壽命也只有數年,也不能算是長壽的生物。

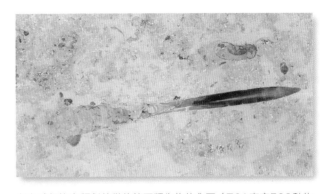

與烏賊類擁有類似特徵的箭石類生物的化石(TCA東京ECO動物
海洋專門學校收藏)。雖然像菊石那類擁有殼的生物化石頻繁地出
土,但沒有殼的頭足類要形成化石是極為罕見的。

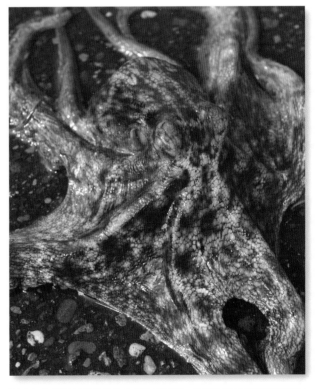

活章魚的觸手就好像擁有自律神經那樣,看起來像是能個別任意行
動。照片為真蛸。

水中的幻獸

大海蛇

在《舊約聖經》中也有登場的海中巨蛇——大海蛇。
它也被稱為海龍，能用銳利的牙齒來捕捉獵物。

臉和鰭

有著很像皇帶魚的臉
和背鰭、腹鰭。

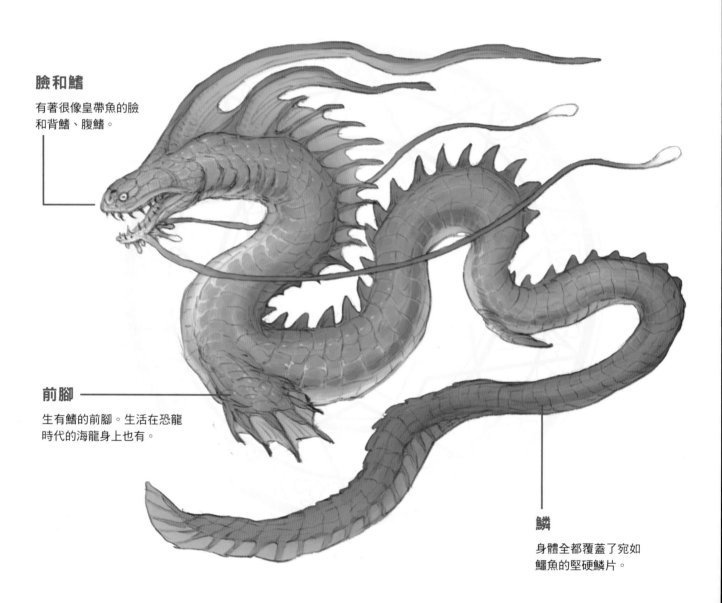

前腳

生有鰭的前腳。生活在恐龍
時代的海龍身上也有。

鱗

身體全都覆蓋了宛如
鱷魚的堅硬鱗片。

SEA SERPENT

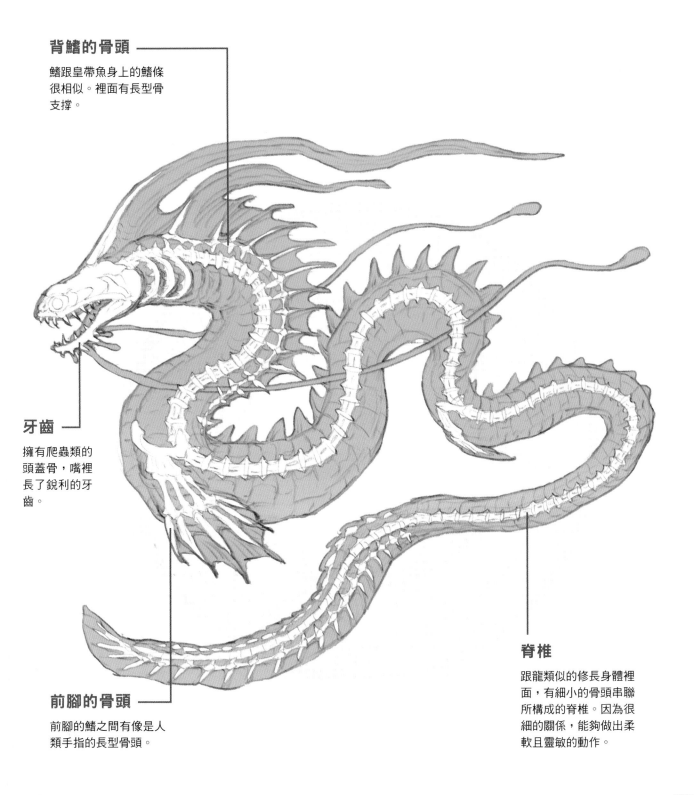

背鰭的骨頭

鰭跟皇帶魚身上的鰭條很相似。裡面有長型骨支撐。

牙齒

擁有爬蟲類的頭蓋骨，嘴裡長了銳利的牙齒。

前腳的骨頭

前腳的鰭之間有像是人類手指的長型骨頭。

脊椎

跟龍類似的修長身體裡面，有細小的骨頭串聯所構成的脊椎。因為很細的關係，能夠做出柔軟且靈敏的動作。

Section 1

地上的幻獸

Section 2

天空的幻獸

Section 3

水中的幻獸

大海蛇的特徵

樣子類似現實中的海蛇，會襲擊海上的船隻、
並捕食落海人類的怪物。
作為未確認生物之一，現今仍然在世界各地的海域被人目擊。

在《舊約聖經》中
也有登場的海中巨蛇。
會以銳利的牙齒咬斷獵物

生活在大海之中的幻獸。也被稱為巨型海蛇或海龍。世界各地都留下了大海蛇或是與其類似的生物傳說。《舊約聖經》有多處出現了可聯想到大海蛇的記述，在希臘、北歐神話、以及中東的民間傳說裡也有登場。不僅如此，從大航海時代一直到現代，竟然在世界各地的海域都曾出現目擊事例。因此很有意思的是，也有人不把它當成幻獸，而是視為UMA（未確認生物）來看待。

在18～19世紀的插畫中，也時不時看到海蛇將頭露出海面，一邊把吸入體內的海水噴出、一邊攻擊漁船或軍艦的描繪。

據說它的體長約10～20公尺長。特別巨大的類型甚至能超過100公尺。人們相信大海蛇傳說的開端或許是碰上了實際存在的世界最大的硬骨魚類——皇帶魚。皇帶魚的全長約5公尺上下，

平常棲息在水深1000公尺左右的深海，衰弱的皇帶魚會浮到海面上，接著遺體被沖上沙灘。這樣的例子其實並不罕見。也不難想像人們目睹這幅情景會有多麼驚訝。

實際上並不擅長游泳？
其中也有長鰭或長腳的類型

所謂的「Serpent」在英語中就是「大蛇」的意思。如同其名，大海蛇也經常被描繪成擁有海蛇亞科特徵的怪獸。

只不過，在插畫等想像圖之中，加上魚類的胸鰭、海龍（海生爬蟲類）般的前腳的例子也所在多有。

本書的插圖添加了鱷魚的堅硬鱗片，還有能聯想到腔棘魚、像是肉鰭類胸鰭的前腳（帶肌肉的基礎部位＋蹼），另外就是類似皇帶魚的鰭條和背鰭、以及頭部一帶能讓人想到鯊魚等板鰓類的

原始鰓孔。

　　因為擁有類似於肉鰭類的前腳，大海蛇很可能屬於深海地區的底棲生物。不以陸地為目標，在進化過程中長出像是腳的鰭，這種類型在魚類生物裡面也出了好幾個。會在海底步行的躄魚和棘茄魚也屬於這類。不知道大海蛇是否也會靈活地運用前腳，在海底漫步呢？

　　然而，從它的身體構成來想像，感覺游泳能力並沒有那麼高的樣子。會不會像是在海中漂浮、然後慢慢地游呢？另外，感覺在有海流經過、流速較快的海域，大海蛇會出現用尾巴捲住岩石等物以進行休息的舉動。

腔棘魚在胸、背、腹、尾部都擁有肉質的鰭。那種氛圍就像是現在它還是會在海底或陸地上行走，刺激了觀者的想像力。

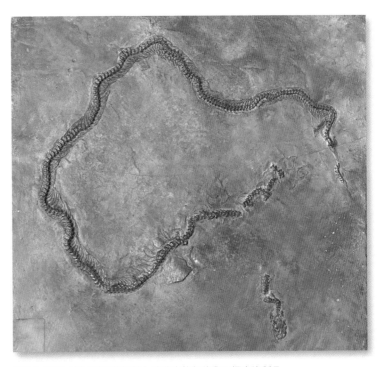

照片為新世（約4700萬年前）的陸生蛇類的化石標本複製品。
（TCA東京ECO動物海洋專門學校收藏）

地上的幻獸

Section 1

天空的幻獸

Section 2

Section 3

水中的幻獸

希德拉

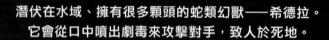

潛伏在水域、擁有很多顆頭的蛇類幻獸——希德拉。
它會從口中噴出劇毒來攻擊對手，致人於死地。

很多的頭

詭異蠢動的蛇頭。攻
擊性很強，每顆頭都
能噴出劇毒。

粗壯的連結部位

頭部合體的地方，變得
很粗壯的身體部位。能
把每顆頭吞下的獵物消
化。

HYDRA

銳利的牙齒
以利牙固定對手後再
一口吞下。能張得很
大也是它的特徵。

蛇的脊椎
脊椎骨的數量既多又
細，讓它可以做出柔
軟靈活的動作。

連結部位的骨頭
眾多的頭都擁有各自的消化
器官，也有說法認為器官會
在身體的部分收束。

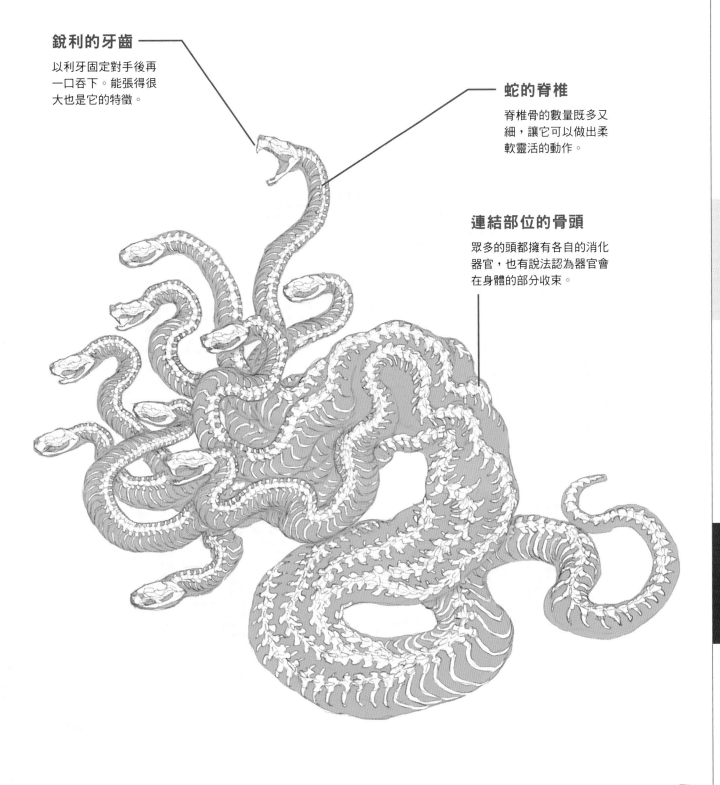

希德拉的特徵

希德拉是能夠驅使眾多的頭部與敵人戰鬥的蛇類幻獸。
相傳它是不死之身，但最後還是被海格力斯打倒了。

即使在希臘神話的幻獸之中
也以壓倒性的知名度著稱

即便是身處在有許多幻獸登場的希臘神話裡頭，希德拉也是分外出名的。它的外觀是擁有很多顆頭的巨蛇，據說是怪物堤豐與半人半蛇的艾奇德娜所生，性別是雌性。它居住在阿爾戈利斯一座名為勒拿的沼澤，有時會來到陸地上攻擊人或家畜，是相當麻煩的幻獸。

相傳希德拉是不死之身，其原因就在於那大量的頭部。據說雖然能殺掉大部分的頭，但是最後的那一顆是無法殺死的。關於頭的數量從7顆到1000顆的說法都有，但無論是哪一種，最後剩下的那顆頭都是不會死的。此外，希德拉還擁有高超的再生能力，能夠從被斬首的切口處生出更多的頭。日本傳說中擁有8顆頭的八岐大蛇也具有類似的特性。

會噴出毒物的蛇頭與粗壯的身體。
兼具異質性與真實性

遽聞希德拉的體型巨大到足以殺掉牛隻。構成它身體的重要要素就是蛇的頭，但支撐那些頭的下半身也很粗壯。即便在現實世界，有時候也會發現擁有兩顆頭的「雙頭蛇」，而雙頭蛇的兩顆頭是從1個身體上長出來的。然而，希德拉的外觀是許多獨立的蛇聚集而成的樣子。雙頭蛇的兩顆頭都各自擁有大腦，思考也是獨立的。至於希德拉的場合，從它可以讓眾多的頭部分別發動攻擊這一點來看，大腦應該也是分開的，而且它很可能是擁有高智商的幻獸。那些頭各自都能噴出毒物，所以據說希德拉周遭的空氣、水、土地都會遭到汙染。現實中的蛇類，有毒的類型會用毒物來殺害敵人；沒有毒的類型就是用身體將敵方捲起直到對方嚥氣。因為一隻希德拉就擁有很可觀的毒性與（蛇頭）數量，因此它應該是不會採取捆縛敵人的行動才對。

HYDRA

水母和海葵的同伴——水生生物「水螅」會分出新的分支並繼續成長。因為被切斷身體也能再生，所以水螅的學名「Hydra」也是源自於希德拉之名。

英雄海格力斯
讓希德拉失去了不死的能力

希臘神話中的英雄海格力斯曾被歐律斯透斯國王指派十二項任務，其中之一便是「討伐勒拿沼澤的怪物希德拉」。

展開對決時，海格力斯斬下了希德拉的頭，但頭的數量還是繼續增加。這時他得到了姪子伊奧勞斯的幫助，後者用燃燒的火把灼燒希德拉頭部的斷面。重複這些過程後，希德拉的戰鬥能力也開始下滑了，最後剩下的就是據說被譽為不死之身的最後那顆頭。海格力斯將最後的頭砍碎，接著埋在巨大的岩石底下。希德拉就這樣被打倒了。

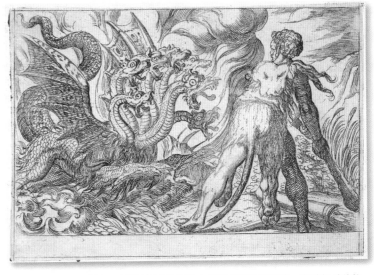

16世紀的繪畫，描繪了希臘神話中的海格力斯與希德拉的戰鬥。有時候希德拉就會跟這張圖一樣被畫成7顆頭。

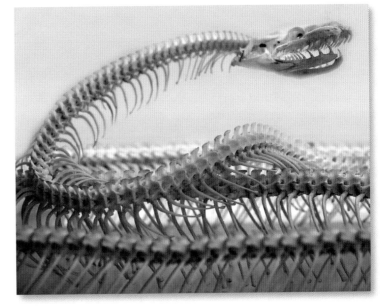

蛇的骨骼。從脊椎骨處生出了彎曲的肋骨，還擁有銳利的牙齒。能開闔分成兩部分的下顎骨，將獵物整個吞下去。

凱爾派

棲息於蘇格蘭地區的水中妖馬。
結合了馬跟魚類的要素，還能變身成人類。

圓潤的體表

體表顏色鮮艷，會前後
左右擺動鰭來游動。腰
部彎曲，能在水裡做出
柔軟的動作。

魚的尾鰭

從腰部到尾巴的部分是
跟魚類的合體。會運用
尾鰭像人魚那樣優美地
游動。

馬的頭部

上半身是馬的姿態。
會從海面露出氣宇不
凡的馬頭。

馬的前腳

馬的前腳變化成水中
生活用。腳上長了適
合游泳的蹼。

馬的頭與頸部的骨頭

跟馬一樣，頭蓋骨的上部與長長的頸部相連。

脊椎和腰椎

從背部到腰部是以帶有圓弧狀的柔軟骨頭相連。從這一帶開始就和魚的骨骼結合了。

鰭的骨頭

用來擺動鰭的骨頭也很重要。可以一邊靈活地擺動、一邊控制水流。

前腳的骨骼

變形成水中生活用，所以沒有蹄，而是像纖細的手指那樣發達。不光是游泳，還能在抓獵物的時候派上用場。

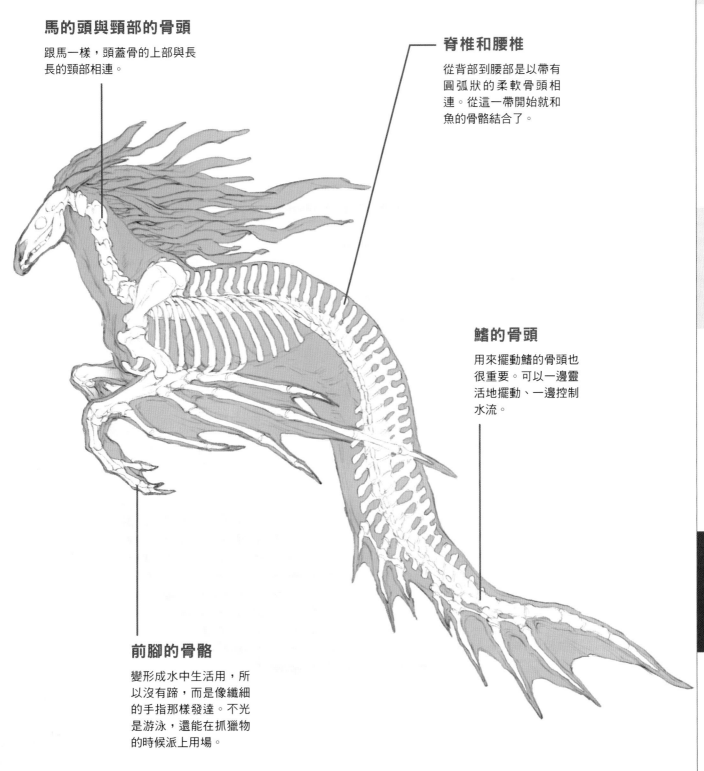

Section 1

地上的幻獸

Section 2

天空的幻獸

Section 3

水中的幻獸

凱爾派的特徵

喜歡潛伏在湖泊中，等著欺騙、陷害人類的凱爾派。
它能夠巧妙地操控湖面或暴風雨，
然後將人類拖進水中。是種相當駭人的幻獸。

棲息在蘇格蘭的湖泊，
留下了目擊紀錄的邪惡妖馬

凱爾派是在蘇格蘭地區流傳的馬類幻獸。它被認為是水的精靈，同時也以對人類作惡的幻獸這個身分而廣為人知。蘇格蘭的湖畔和河川都有凱爾派在那裡生活，它們會在淺灘或碼頭等地出沒。曾留下了牧羊人看到它坐在岩石的頂端，或是在岸邊的草地吃草的記述。

凱爾派會對人類作惡一事也相當有名。像是「發現走路走到累的人，就變成馬讓他們騎在身上，然後直接跳進水中」、「掀起暴風雨讓湖水溢出，引發洪水把人沖走，奪走他們的性命」等，為非作歹的事情實在不勝枚舉。據說它們讓人溺斃之後就會吃下人類的肉，但是並不會吃內臟，最後只有內臟被沖上水域周邊。

擁有宛如華美絹帛的亮麗毛色，
而且還能變身成人類

凱爾派的體型跟一般的馬差不多大，但是卻長了魚類的尾鰭。這個尾鰭能讓它們在水裡自由自在地游泳。雖然也散發出馬特有的溫柔氛圍，但是卻射出了如炬的銳利目光。毛色有栗色、黑色、灰色等說法，但據說那身帶有光澤的毛就如同絹帛般美麗。

高超的變身能力也是凱爾派的一大特徵。根據傳說的記載，它會以普通馬的外觀現身，也會變形成人類的模樣。變身成青年或老年男性的說法比較常見，不過也留下了裝扮成美麗的女性佇立在水域邊，然後伺機陷害男性的傳聞。

因為一旦遇上它們就很難逃脫了，所以凱爾派也被視為是水難的前兆。只不過，據說只要能把馬銜裝到它的頭上，就能像操控一般的馬匹那樣驅使它們。

馬的前腳部分長出了鰭，
能夠在水裡面自由自在地快速游動

　　待在水裡面的凱爾派，創作時大多會把它的身體描繪成擁有馬的上半身，但前腳已經跟鰭同化的模樣。凱爾派的前腳掌骨（相當於人類手腕的部分）長了鰭，而骨頭也確實延伸到這個前腳鰭的前端。馬身跟魚身連結的部分也很美麗，看這副模樣也可以說它跟海馬很相像吧。完全不遜於馬的骨骼，下半身的魚骨部分也很結實，是繪製時的重點所在。當然，尾鰭的部分也有骨頭。

　　雖然是馬跟魚這種乍看之下根本不像的兩種生物所結合的幻獸，但是這兩者也擁有擅長游泳的共通之處。例如賽馬也會在泳池進行訓練或復健，日本甚至還有會跟馬一起到海邊游泳的騎馬俱樂部。或許凱爾派就是古時候的人從馬在淺水區域游泳的姿態所想像出來的幻獸也說不定呢。

馬不僅會在陸地上奔跑，也很擅長游泳。牠們下水後的活動很活潑，也喜歡玩水。那副模樣除了野性之外，也帶有神祕的色彩。

海馬的近親「葉形海龍」。很擅長擬態成海藻類，其姿態根本就像是凱爾派。

Section 1

Section 2

Section 3

地上的幻獸

天空的幻獸

水中的幻獸

河童

在日本各地都留下了傳承，最為知名的妖怪。
雖然以親近人類著稱，但是也擁有讓人畏懼的另一面。

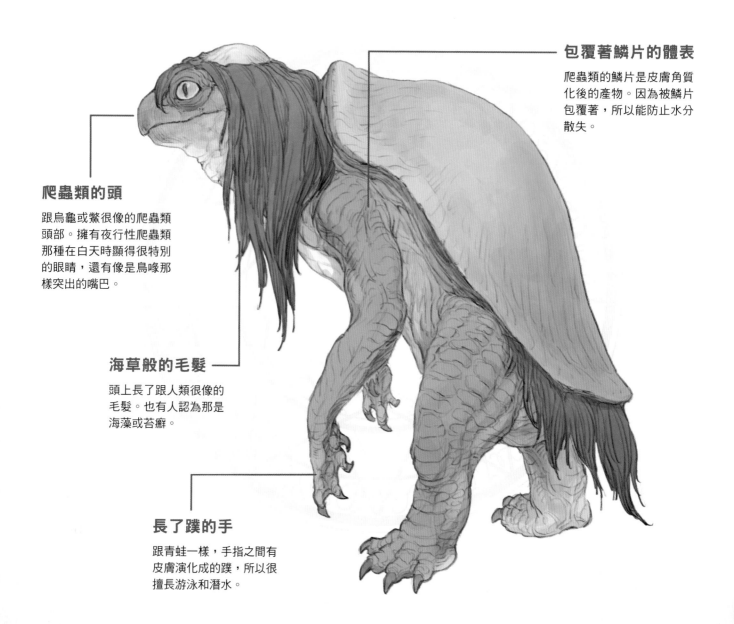

包覆著鱗片的體表

爬蟲類的鱗片是皮膚角質
化後的產物。因為被鱗片
包覆著，所以能防止水分
散失。

爬蟲類的頭

跟烏龜或鱉很像的爬蟲類
頭部。擁有夜行性爬蟲類
那種在白天時顯得很特別
的眼睛，還有像是鳥喙那
樣突出的嘴巴。

海草般的毛髮

頭上長了跟人類很像的
毛髮。也有人認為那是
海藻或苔癬。

長了蹼的手

跟青蛙一樣，手指之間有
皮膚演化成的蹼，所以很
擅長游泳和潛水。

KAPPA

頭部的盤狀物

有觀點認為那是頭蓋骨外露的部
分。因為是棲息在水邊的生物，
如果乾掉的話就會喪失力氣。

甲殼

如果將河童設定為跟殺傷力很
強的鱉很相似的幻獸，那麼覆
蓋在甲殼上的皮膚應該也跟鱉
一樣如同橡膠般柔韌。

鱉的下顎

因為是又大又堅硬的
頭蓋骨，所以下顎也
很強韌。人們認為它
擁有跟鱉一樣強健的
下顎。

腹甲

腹部的部分叫做腹甲，
是平面狀的骨板。骨板
上也覆蓋著鱗片。

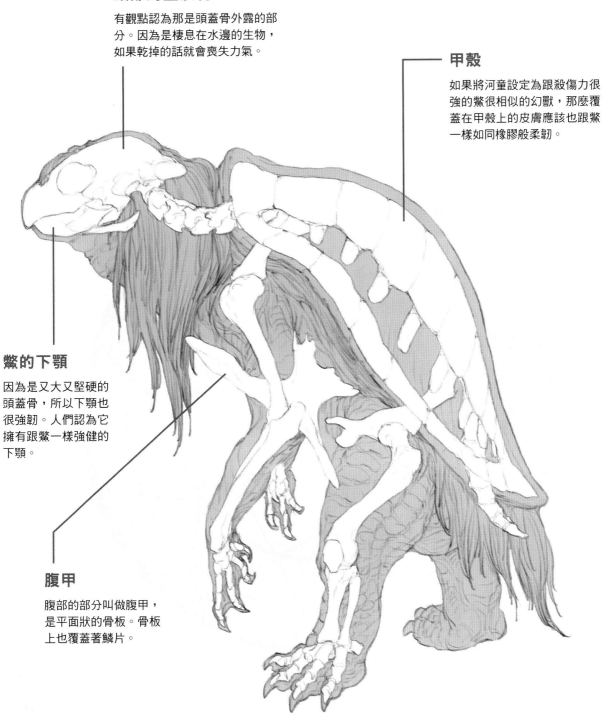

河童的特徵

頭部有盤狀物、手上有蹼、還有被鱗片包覆的身軀。
在爬蟲類之中擁有跟鱉相近的殺傷能力，
雖然是被大眾喜愛的角色，但是也不容小覷。

棲息在水邊，也會襲擊人類。
在各地流傳的逸聞也是千奇百怪

在日本的妖怪裡面，河童也算是最有名的妖怪之一。在人們的描述與繪圖創作之中，它的樣貌大多數情況都是以烏龜和鱉為基底。

根據日本各地流傳的傳承，河童是種懷抱強烈惡意，會把人類或動物溺死後再吃掉的妖怪。但另一方面，它們也留下了「雖然喜歡惡作劇但不會做出極端的惡行，甚至還會幫助人類，或是跟小孩子玩相撲」等與人類關係友好的逸聞。

到了現代，它們也時不時在動畫、漫畫、電影等作品中登場，同時大多被描寫成受人喜愛的角色。

喜歡的東西是小黃瓜，包入小黃瓜的壽司捲「河童壽司」就是來自於這個典故。至於喜歡小黃瓜的理由，一般認為是河童原本就被視為水神，而小黃瓜就是水神信仰的供品。

被鱗片包覆的皮膚與甲殼
是以烏龜類的爬蟲類要素為基礎

關於河童的樣貌也留下了許多說法，但頭部的盤狀物、被鱗片包覆的身體、蹼、甲殼等特徵都是共通的。臉跟猴子很像，也有說法指出它們長了像是鳥喙的嘴，但基本上是以烏龜和鱉為基礎元素，然後再添加了各式各樣的要素來建構其樣貌，被流傳至今。

頭部有個被稱為「盤子」的圓形盤狀部位，如果乾掉的話就會失去力量。有人認為這是露出的頭蓋骨，因為河童主要生活在水域一帶的關係，這個部位應該會持續保持濕潤。同樣是因為河童都待在水邊的關係，那像是頭髮的毛髮，很可能是水草或苔蘚之類的東西。現實中就有一種身上會長海藻和苔蘚、叫做「蓑龜」的生物，被視為吉祥的象徵而受到重視。河童的手腳都有長蹼，就如同「河童也會被水沖走＊」這句諺語的意涵，它們非常擅長游泳。

＊譯註：表示高手也可能會在其擅長的領域失手。

大大的頭部和甲殼
讓其存在感格外顯眼

　　對於河童的描寫，很多都是將它們描繪成臉很窄小的樣子，但是整顆頭跟甲殼、手腳等部位都畫大的話，就能充分醞釀出與「水神」這個稱呼相襯的存在感。而且，肉食怪物的印象也變得更加強烈了。

　　烏龜的近親中也有頭部較大的種類。該種類的烏龜不僅會吃水草，還會吃田螺之類堅硬的生物。因為是雜食性的關係，所以嘴巴跟下顎都很發達。相傳河童的體型跟人類小孩的身高差不多，但如果在創作的時候放大它們的頭部，感覺河童似乎連成年的人類都有辦法吃掉了。那種緩緩用雙腳步行的樣子，總讓人覺得有點人類的感覺，但更顯得詭異。

　　即便乍看之下很像是人類，但是那宛如夜行性爬蟲類的眼睛在白天時顯露的特殊模樣、像是鳥喙一般的突出嘴巴、還有銳利的爪子等要素，就跟鱉十分相似。位於身體中心的腹部是由名為腹甲的骨板給支撐著。

　　河童同時被世人描繪出恐怖還有受人喜愛的形象。那些把生物拖進水裡的故事，或許是古時候的人們有鑑於水域的危險性，為了向大眾提出警示才因此產生的吧。

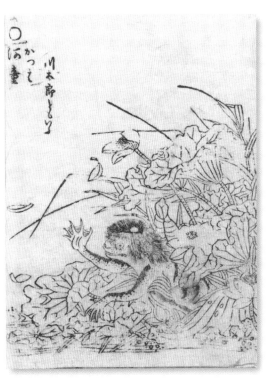

江戶時代的浮世繪師鳥山石燕所創作的妖怪圖鑑《畫圖百鬼夜行》。裡面也描繪了河童潛伏在水邊的姿態。

鱉的爪子很銳利、咬合力量也很強，所以具有相當高的攻擊力。待在水中的時候也是魄力滿點。右方照片為小鱷魚。爬蟲類的眼睛在白天會顯得很獨特。

利維坦

掀起漩渦，讓世界陷入混亂。
於基督教世界堪稱最強的大海幻獸。

鱗片
身體被鱗片包覆，
據說就像一張張盾
牌連結起來那樣堅
硬。

吐出火焰的嘴
相傳會從口中吐出火
花四濺的火焰。鼻子
還會噴出煙。

跟蛇一樣的尾巴
相傳是水生的龍類，而且
蛇的要素很強。長長的尾
巴能夠操控水流。

LEVIATHAN

Section 1

地上的幻獸

Section 2

天空的幻獸

Section 3

水中的幻獸

頭蓋骨

跟蛇頸龍這種古代生物
一樣，頭部較小。能夠
將水的阻力降到最低。

脊椎

擁有無論碰上什麼樣的水流
都不受影響的堅硬脊椎。

鰭的骨頭

想要操控海水，大型的鰭就顯得
很重要了。鰭的部分也有結實的
骨頭支撐。

尾巴的骨頭

為了增加在水裡的推進
力，一般認為它那生有
鰭狀物的尾巴不但骨頭
堅硬，上面還附著了發
達的肌肉。

113

利維坦的特徵

在大海掀起漩渦的利維坦，
相傳也被人們認為是龍的原型。
不但擁有覆蓋一層鱗片的堅硬身軀，還能從嘴裡吐出烈焰。

在《舊約聖經》中登場的聖獸。
於天地被創造的5天後誕生

《舊約聖經》裡面有很多的聖獸登場，在那之中被譽為最強的就是利維坦。它是在上帝創造天地的5天後誕生的海之幻獸，經常跟同時誕生的陸之幻獸、擁有河馬外貌的「貝西摩斯」一起被提及。雖然利維坦是神所創造聖獸，但之後卻淪為惡魔的同夥，執掌基督教義中潛伏於人心的「七宗罪」裡頭的「嫉妒」。

其名在希伯來文中的意思為「掀起漩渦」，源自於它巧妙地操控大海海流以掀起漩渦，讓船舶沉沒的凶暴性格。

原本有雄性和雌性，但是神認為它們太過凶惡，若是任憑它們繼續擴張就太危險了，因此便殺掉雄的，只留下雌性。而雌性也就此成了不死之身。

巨型的蛇、魚、鱷魚、海蛇，
以相當多樣的樣貌被世間傳承下來

生活在海中的幻獸利維坦，據說主要是跟蛇比較相似。經由這一點，也有很多解釋認為它是屬於以蛇系為主流的古老類型龍族。

根據說法的不同，相傳它的樣貌甚至也跟巨大的魚、鱷魚、海蛇很像，流傳的外貌千奇百怪。

共通的特性就是被鱗片包覆的強壯身體，背後就如同盾牌那樣堅固。牙齒銳利、雙眼還散發出怪異的光芒。利維坦會從口中吐出火焰，弄得火花四處飛散，還會從鼻子噴出煙。

根據記載，據說當利維坦渡海的時候，還會留下發光的痕跡。

LEVIATHAN

宛如自然災害的象徵。
與古代生物間也有共通點

作為神與人類的天敵，掀起了滔天巨浪。利維坦根本就像是象徵著自然災害的幻獸。順帶一提，據說爬蟲類生物會因應環境盡可能地成長，如果利維坦也屬於這種體系的話，能夠成長到如此巨大的程度也並非無法理解。

要是將利維坦研判成古代生物的話，就能想像它可能就像蛇頸龍這種水生恐龍一樣擁有較小型的頭部，以及長長的頸子。也有某些觀點認為蛇頸龍並不是那麼擅長游泳，不過，若是讓它兼具用鰭和尾巴來游泳的大型水生爬蟲類——滄龍那樣的特性，確實就能將它列入海中最強的層次吧。

就生物學來說，如果脊椎比較硬，進入水中後就能成為身體的中軸，讓游泳的技術變得更好。利維坦不僅是鱗片很硬，脊椎想必也很結實。另外，藉由用力擺動尾巴，還能因此增加推進力。

蛇頸龍的印象圖。水生、頭部較小、頸子很長都是其特徵。據稱跟蛇很相像的利維坦，上半身的形狀也有共通點。

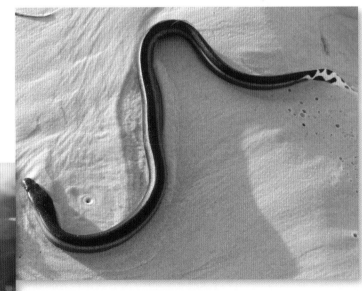

海蛇與魚類尾鰭。有說法認為海蛇的樣子很接近利維坦。在水裡美麗地漂動的利維坦的鰭，或許也跟魚類尾鰭很接近。

阿維特索特爾

於阿茲特克神話中登場、跟狗很相像的水之幻獸——阿維特索特爾。
在那長尾巴的前端,有個像是人類手掌的東西,是它的一大特徵。

狗的頭

尖耳朵和犬牙為特徵。
乍看之下很類似一般的
狗。

小型犬的身體

身上長著帶有光澤的
漆黑體毛。體型大概
跟小型犬差不多。

宛如手掌的尾巴

前端呈現手掌模樣的
尾巴。不僅可以抓取
東西,或許還能進行
擬態。

A H U I Z O T L

手掌型尾巴的骨頭

擁有關節，根本與人類的手無異。據說它會用爪子從獵物的遺骸上取下眼珠和牙齒，或許也可能會靈巧地運用尾巴來做這件事。

犬牙

相傳會吃人。能用銳利的強健犬牙死咬獵物。

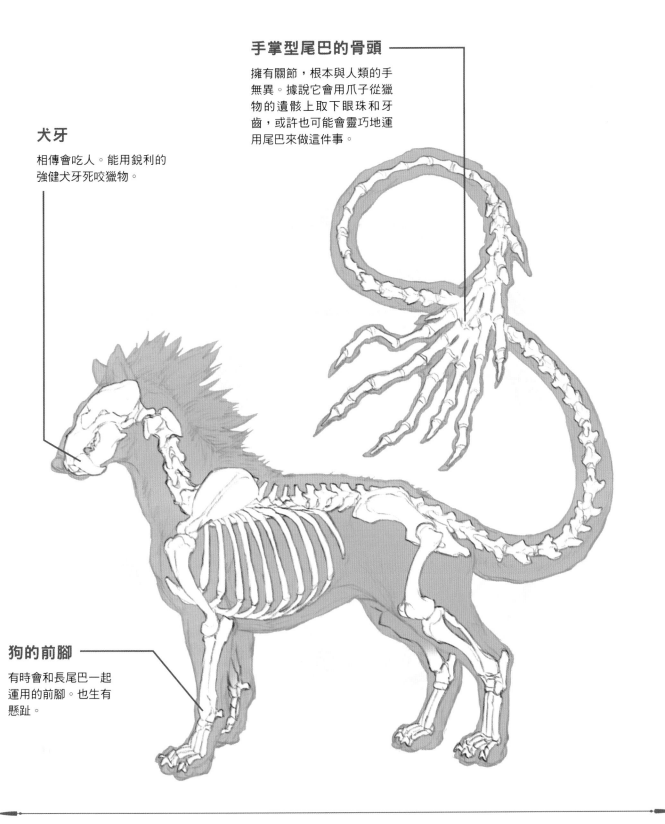

狗的前腳

有時會和長尾巴一起運用的前腳。也生有懸趾。

阿維特索特爾的特徵

雖然體型就像是小型犬的尺寸，
但是卻擁有煽動恐懼心的氣派犬牙與怪異的尾巴……
它會潛伏在水域一帶，伺機將人類給拖進水裡。

在水域附近虎視眈眈地鎖定獵物，相傳也是雨神的家臣

於中墨西哥傳承的阿茲特克神話裡面登場的阿維特索特爾，體型就跟小型犬一樣，還長了條前端形狀像是人類手掌的尾巴。真的是一種很奇特的幻獸。

阿維特索特爾是肉食性。相傳它會潛伏在水域一帶，用叫聲引誘獵物靠近，等到對方接近後就用前腳和那條宛如手掌的尾巴將他們拖入水中。此外，也留下了它故意讓水裡的魚彈起來吸引漁夫的注意，等到漁夫來捕魚的時候，阿維特索特爾就會將尾巴上的手掌伸向漁夫的船隻，然後將其殺害。

有一說相信這種幻獸是雨神的家臣，所以浮在水面上、被認為是遭到阿維特索特爾襲擊的遺體，就只有神官能去觸碰。因此人們便認為那些遺體是獻給神明的活祭品。

特徵是手掌模樣的尾巴。是為了抓取東西，還是擬態呢？

不管怎麼說，最具特色的就是那個呈現人類手掌形狀的長尾巴。據說真的可以像手那樣用來抓住獵物，不過也存在運用於擬態的可能性。實際上，就有一種名為「蛛尾擬角」的蛇類，會將尾巴擬態成蜘蛛來誘騙獵物。其他還有許多會用尾巴來進行擬態的生物，所以也可以判斷阿維特索特爾也會將尾巴用於擬態，藉此引誘人類。

除此之外，希望各位也能注意尾巴很長這個特徵。如果能夠抓住東西的話，或許也能夠跟狐猴一樣用來捲住樹木以利攀爬吧。

據傳承表示，阿維特索特爾的棲息地是水域周邊，如果能再加上爬樹的能力那就更沒有對手了。雖然南美洲並沒有這種像是小型犬卻能爬樹的生物存在，但是跟樹袋鼠很類似。

AHUIZOTL

奇特的姿態讓人很感興趣。
探討充滿謎團的犬類幻獸起源

阿維特索特爾擁有現實中不可能存在的樣貌，但是當我們去分析它留存在神話或傳承中的身體特性，就能發現關於這種奇妙幻獸誕生的起源與構思的提示。

說到底，南美洲原產的狗就只有吉娃娃等少數的種類，而且狗跟水的契合度也很薄弱。所以阿維特索特爾究竟是古代的滅絕種，還是凶暴的水獺、負鼠（阿維特索特爾有個別名叫「水裡的負鼠」，但是有留下模樣並不相同的記述）、擁有「長犬牙的魚」別名的似鯖水狼牙魚這種肉食魚類等多種肉食生物的融合體呢？亦有人判斷是某種四足步行的哺乳類正在翻找被鱷魚吃剩的獵物殘骸，看到這幅景象的人們又讓傳聞越演越烈。若是看到了阿維特索特爾，那就是死亡的前兆。但據說並沒有實際看過它的人類，因此它就是種留存在傳承之中、相當神祕的存在。

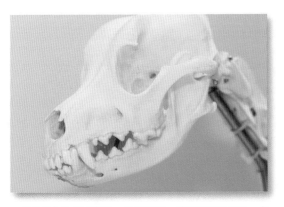

一般常見的狗的頭蓋骨。鼻腔很寬，所以嗅覺很發達。犬牙很大，上下排牙齒前後錯開，以便於咬下肉等食物。（TCA東京ECO動物海洋專門學校收藏）

阿維特索特爾別名之一的負鼠，還有擁有長尾巴的樹袋鼠。或許在古代就存在結合多樣特性的滅絕種也說不定。

Section 1
地上的幻獸

Section 2
天空的幻獸

Section 3

水中的幻獸

幻獸與異樣的海洋生物

或許幻獸確實是異樣的存在，然而即便是在現代的地球上，如果去一探從重力的影響被解放、能夠在那裡生活的海中樣貌，就會發現跟幻獸很像的異樣生物。

那些生物都被取了名字，然後分進生物學方面的分類。也就是說，人類已經確認它們的存在了。正因為如此，它們便被視為「已經存在的」。如果讓在地上生活的人類去創造它們的模樣，最後就會出現很多看上去就像是幻獸的異樣生物。

即使不下潛到異形明星大集結的深海地帶，能在鄰近的潮間帶觀察到的海蛞蝓，種類也是很豐富的，而它們的樣子就是奇特的外型。另外，雖然我們已經看習慣水母了，但仔細觀察後就會發現，要比本書介紹的幻獸還更像幻獸的種類並不罕見。幻獸之所以能長期被人們所接受，其背景或許也跟實際存在的生物之多樣性有所關連也說不定。

水中的幻獸

[骨骼圖鑑]

KRAKEN
克拉肯
☞ 092

SEA SERPENT
大海蛇
☞ 096

HYDRA
希德拉
☞ 100

KELPIE
凱爾派
☞ 104

KAPPA
河童
☞ 108

LEVIATHAN
利維坦
☞ 112

AHUIZOTL
阿維特索特爾
☞ 116

看不到的部分的累積是很重要的

江口：綠川小姐，這次非常感謝您提供了這麼棒的插畫。

綠川：我才應該感謝您，真的很謝謝您分享了各式各樣的生物知識。

江口：綠川小姐平時在畫幻獸的時候，會經常連同幻獸的骨骼都一起想像嗎？

綠川：幻獸是架空的生物，所以如果全部都靠著想像去繪製的話，感覺就會顯得很假。正因為是架空，我覺得盡可能擷取現實再融入是很重要的。

以下這段來自於某位SF作家的分享。在架空故事的場合，能被允許的「謊言」就只有1個，其餘的都是現實。藉由這樣的做法，就連那個「謊言」也能感受到真實。聽到這段話的時候，我還心想真是有說服力啊。

因為幻獸並非實際存在，所以關節或肌腱的構造等

就會參考現實的生物，蓄積看不到的部分的真實感。我認為這是很重要的。藉由這樣的方式，例如加入魔法之類的幻想元素時，「飛行」這個幻想主題也開始變得更具說服力了

江口：原來如此。我覺得好像多少能理解綠川小姐所描繪的幻獸之所以會洋溢生命感的理由何在了。

綠川：因為是架空的生物，所以在那些看不到的部分之中，細節累積就顯得很重要。

江口：因為如果這個幻獸是草食性的話，它嘴巴的形狀和牙齒的生長方式就會跟肉食性幻獸不一樣對吧。

綠川：確實如此。感覺就像是它們真的在某個地方生活！在某個地方吃東西！如果能畫出帶來這種感受的幻獸，那就太棒了。

江口：我非常同意這個想法。因為我本身職業的關係，所以當我在插畫或是電玩遊戲、小說、電影中與幻獸相遇的時候，我就會有個探索這個幻獸身上到底帶有多少真實要素的癖好（笑）。對於肉眼看不到的部分的真實度相當注重，細緻地累積再繪製的幻

獸，以及並沒有那麼做、只靠表面的設計來描繪的幻獸，它們在根本性的真實度和生命力就會帶給人不同的印象。而且真實度和人類情感的移入也存在密切的關聯性呢。

綠川：我也是這麼認為的。關於幻獸的背景啊，像是那種幻獸是在什麼樣的環境裡生活、都吃些什麼東西，就像這樣邊想像邊畫圖，畫圖這件事本身就會變得更有趣了（笑）。

江口：您這段話說得真好。確實在綠川小姐的插圖中就能感受到幻獸的背景。只要看了綠川小姐的插圖，就會讓人很想前往誕生幻獸傳說的那片土地（笑）。只要實際到現場去走訪一趟，獲得的感受和情報想必也會相當可觀。另外還有許多跟幻獸相似的動物生活的動物園和水族館。只要積極造訪那類場所，對於幻獸的印象就會變得更加濃厚吧。讀過這本書的朋友就會想造訪那樣的場所。如果能讓讀者萌生這樣的想法，我真的會感到很高興呢。

現實世界的
創作者們

江口：對了，綠川小姐您平時就很喜歡動物嗎？

綠川：是的。我從孩提時代就非常喜歡生物，也有很多跟動物接觸的機會。雖然動物園也不錯，但是在日本想要實際接觸野生生物的場合，那就是海了，所以我會定期到海邊去（笑）。到海濱岩場很方便，而且在那裡生活的生物造型也非常特別喔（笑）。

江口：海濱生物的造型真的很厲害呢。幾乎都像是幻想中的生物（笑）。到底為什麼會是那個樣子啊，真的很不可思議。不光是岩場，在從重力中解放的水裡生活的生物，在我們看來也是異樣的外觀。

綠川：即使是同一片海域，因應季節變化，生物也會跟著改變，所以海濱岩場不管怎麼看都不會厭倦。是距離我們最近的幻獸世界呢（笑）。

江戶：確實，現實的世界裡也存在許多不可思議的生物。這次的書裡面不是有出現克拉肯嗎，但現實中真的有克拉肯存在嗎？這個問題先暫且擱在一邊。大海裡有一種名叫梨形囊巨藻、可以長到長達50公尺的巨大海藻。那樣的東西就出現在船的底下，萬一船被纏住的話，對古時候的人來說真的很恐怖吧。而且陰天的傍晚會變得昏暗，那種恐懼感還會倍增。我們被未知的巨大生物襲擊了！就算人們這麼想也無可厚非吧。

綠川：確實是這樣沒錯呢。

江口：不是有一種棲息在海藻上的小小生物叫做麥稈蟲嗎？

綠川：那個生物的造型真的很驚人耶。

江口：不知道的人一看還會以為是魔界的生物。

綠川：一想到在那個小小的世界裡，竟然還存在那種異樣的細節，就讓我覺得幻獸真的很可愛。

江口：地球上真的到處都是不可思議的生物呢。

綠川：在地球以外的某個星球，肯定也有生物存在吧。如果宇宙之中除了地球以外都完全沒有生物生存，這樣的思維也太不科學了，對吧。

江口：我認為您說的沒錯。如果把視野擴展到宇宙的話，還有人類智慧無法觸及的生物存在，這種可能性也就更加濃厚了。

而且在另一方面，從宇宙飛來地球的隕石，上面的元素和地球元素一樣的例子不勝枚舉。如果宇宙中也有相同元素的話，物體的構成模式應該就會存在某種統一性才對。當然，因為重力的不同而帶來的影響也是很大的。

綠川：似是而非……或許就存在著這樣的生物呢。

江口：是的。如果這麼思考的話就會讓人覺得更有趣了。即使只考量地球上的礦物，全世界各地的礦物構成方式也都很類似。像是水晶就作為水晶存在於整個世界。若是到了宇宙也都是相同的元素，那麼也許就存在構造也會相同的可能性了。

綠川：好像真的越來越有意思了。

江口：這就是趨同演化。

綠川：是呀。

見て、観て、視て，
然後是「魅せる」。
能夠做到這些的創作者
真的擁有很出色的
能力呢。

「見る」、「観る」、「視る」、「看る」、「診る」，然後是「魅せる」

綠川：這次承蒙各位讓我繪製了幻獸，雖然我也參考了很多種真正的生物，不過很巧的是，這次作為參考的生物我全部都曾觸摸過呢。

江口：這應該是很重要的一點。

綠川：因為我曾觸摸馬，然後騎上牠、與牠交流互動，當時關於馬身肌肉的質感就留存在我的記憶裡頭。其他還有像是蜥蜴腋下的彈嫩感之類的，很多事情都是沒有去接觸的話就不會知道。

江口：確實是這樣呢。蜥蜴身上其實也有意外柔軟的部位。光是用眼睛看根本不會知道那些事情。

綠川：我摸蛇的時候覺得心情感到很舒適，那是一種乾乾的觸感。

江口：是啊。如果光憑外表的印象，應該很多人都覺得是很黏膩的感覺吧，但其實是讓人舒適的光滑感。

綠川：我覺得自己把觸摸的觸感還有感受也表現在插畫裡面了。

江口：確實是這樣沒錯呢。

綠川：如果藉由照片那類靜止的圖像來繪製插畫的話，再怎麼說情報也太少了。對我來說，照片不過就是讓自己回想那個生物的觸發點而已。實際去接觸後所得到的情報，在畫畫這方面絕對是能派上用場的。畫動物的時候不要只靠照片之類的資料，至少也要準備影片資料應該會比較恰當。

江口：以生物的場合來說，靜止圖片跟影片所帶來的情報量差異是相當可觀的。而且現在也已經是受惠於影片資料的時代了。

大家知道動物糞便的氣味嗎？知道動物的各種氣味嗎？舉個例子，同樣都是馬，但是鬃毛的氣味、背上的氣味、鼻息的氣味全部都不一樣。如果能擁有這樣的記憶，在進行創作的時候應該就能為創造力帶來助益。

綠川：真的是這樣呢。如果可以的話，我會希望一定要實際去接觸看看。當然也是有基於各種原因所以沒辦法去觸摸、或是不能去觸摸的動物就是了（笑）。

江口：這是富有常識的成熟判斷喔。大家理解自然的天理嗎？也就是說，要製作某個東西的時候就必須掌握重要的關鍵。水槽的設置就是能強烈感受到箇中意涵的例子。敝校授課的一環就有水槽設置這個項目。如果無視自然的法則，只是在自己的腦海裡組合出來的配置，就會感受到某些不協調感。要是仔細去看看那些配置，就會發現很多用繩子綁起來或是用接著劑固定的地方。

另一方面，如果是相當自然的出色水槽設置，就能精準地發現石頭與石頭能巧妙重合的部分再進行組裝。所以看上去就會非常自然，不會顯得突兀。這是出色地運用重力和物質原本的形狀、源自自然的製作手法。這種方法能在不過於勉強的情況下呈現自然，毫無不協調之處。

綠川：光是靠人類自己的理想而勉強做出來的東西，就會在某些地方浮現出突兀感對吧。

我覺得自己把觸摸的觸感還有感受也表現在插畫裡面了。

江口：我認為是這樣沒錯。因為現在是充斥奇幻元素的時代。我覺得奇幻元素真的是很棒的東西呢。所以我希望奇幻領域的創作者們不要只在想像之中閉門造車，可以向外踏出一步，一邊與現實接觸、一邊讓想像力慎重地膨大擴張，然後進行奇幻領域的創作，我覺得這應該是非常重要的一點。

綠川：從現場認知到微小的細節真的很重要呢。仔細觀察，直到讓感覺融入身體應該也是很關鍵的。

江口：確實如此。「見る」、「観る」、「視る」、「看る」、「診る」等，這些都讀成みる（MIRU）*、帶有觀看或觀察等意思的詞彙，光是漢字就有5種以上的組合呢。然後還有「魅せる」這個漢字。從各式各樣的角度、以及各式各樣的感受去檢視現場真的非常重要。

綠川：觀察到自然而然地察覺到不協調感的程度。藉由這樣的做法，也許就能讓某種感覺融入自己的身上。

江口：見て、観て、視て，然後是讓觀察到的東西更顯魅力的「魅せる」。我覺得綠川小姐的這種能力真的相當出色呢。希望您今後也能繼續創作出很棒的插畫。

綠川：非常感謝您。我會盡自己所能持續努力的。

江口：這次真的承蒙您多方關照，感謝您。

綠川：我才是承蒙各位諸多照顧，謝謝大家。

攝影協力：（TCA東京ECO動物海洋專門學校／DINOSAUR MUSEUM）
*譯註：依序有觀看、觀賞、勘查、照看、診察等意思。

Epilogue

非常感謝各位一路將這本書讀到最後。
如果大家能因為這本書，可以多少感受到幻獸
親近且真實的存在感，那真是榮幸之至。

　　　　　不知道幻獸正確的骨骼。
　　　　　不曉得幻獸正確的習性。

即使是這樣，還是有跟幻獸很相似的動物存在。
參考那些相似的動物，並且試著去認真想像幻獸的骨骼。
幻獸都吃些什麼？過著怎麼樣的生活？
是如何進行呼吸的？又有什麼樣的習性？
透過認真想像骨骼這個方法，
或許只有一點點，但也會覺得自己已經變得能夠理解了。
感覺就像是為幻獸注入了生命力一樣。

　　　　　本書的目的並不是為了作為學術書籍，
　　　　　而是一種認真玩耍的娛樂性書籍。
　　　　　對幻獸而言，「莊嚴」、「偉大」、「帥氣度」是必要的。
　　　　　如果太過拘泥於學術方面的整合性的話，
　　　　　重要的幻獸就會變得一點都不帥氣，這麼一來可就本末倒置了。

比起在現實的天空中飛行的生物的骨骼，
在想像的世界裡帥氣地鼓動翅膀的幻獸，它們的骨骼才更有幻獸風範。
會不會只有我這麼認為呢？

幻獸是從人類的想像所誕生的偉大生物。
正是因為如此，一旦變得無法在想像之中振翅高飛的時候，
幻獸就等同於死亡了。
若是變得無法繼續在想像之中奔馳，也同樣形同死亡了。

於想像的世界裡努力生存的幻獸們。
我是在重視這種印象的前提下，進行這本書的監修工作。

在此之前，幻獸們應該已經在人類的心中活了超過數千年之久。
即使幻獸在某個時期從人類的記憶裡消失了，
我認為幻獸也一定會再度復活。
到了那個時刻，
或許幻獸就會變化成與現在截然不同的樣貌呢。
屆時，它們很可能就會成為
於人類的生活型態中扎根的全新幻獸。

那樣的嶄新幻獸也是會讓人想要親眼一睹風采的存在。
最後，我要向各位致上最崇高的感謝之情。

江口仁詞（TCA東京ECO動物海洋專門學校／DINOSAUR MUSEUM館長）

監修

江口仁詞

1974年出生於岐阜縣，在某個有化石博物館的城鎮長大。於日本動物植物專門學院學習動物的飼育管理，之後在動物業界累積了從昆蟲到畜產動物等諸多領域的飼育經驗。2002年進入滋慶學園名古屋ECO動物海洋專門學校服務。2019年創設日本首見的恐龍專修課程。現在以TCA東京ECO DINOSAUR MUSEUM館長的身分，致力於與恐龍、化石挖掘、生物的飼育和展示等領域相關的人才培育工作。

插畫

綠川美帆

千葉縣出身。專攻怪物題材的插畫師兼設計師。以龍為中心，為遊戲、集換式卡牌、書籍等設計怪物或繪製怪物的插畫。曾參與《龍族拼圖》、《Fate/Grand Order》、《魔法風雲會》、《卡拉邦CARAVAN STORIES》等眾多作品的製作。興趣是電玩遊戲、海水魚的採集與飼育。

參考文獻

『ヴィジュアル版 世界幻想動物百科』原書房　トニー・アラン、訳 上原ゆうこ
『世界の怪物・神獣事典』原書房　キャロル・ローズ、監訳 松村一男
『モンスターを描く』廣済堂出版　サイドランチ編集
『幻獣とモンスター 神話と幻想世界の動物たち』創元社　タム・オマリー、訳 山崎正浩
『1日3分読むだけで一生語れる モンスター図鑑』すばる舎　山北篤、細江ひろみ
『ゼロから学ぶプロの技法 動物デッサンの基本とコツ』ソーテック社　宮永美知代
『大迫力！世界のモンスター・幻獣大百科』西東社　山口敏太郎
『知識ゼロからの妖怪入門』幻冬舎　小松 和彦
『聖書 新共同訳』日本聖書教会

TITLE

美麗的幻獸生態骨骼圖鑑

STAFF

出版	瑞昇文化事業股份有限公司
插畫	綠川美帆
監修	江口仁詞
譯者	徐承義

創辦人/董事長	駱東墻
CEO/行銷	陳冠偉
總編輯	郭湘齡
文字編輯	張聿雯　徐承義
美術編輯	謝彥如
國際版權	駱念德　張聿雯

排版	二次方數位設計 翁慧玲
製版	明宏彩色照相製版有限公司
印刷	桂林彩色印刷股份有限公司

法律顧問	立勤國際法律事務所　黃沛聲律師
戶名	瑞昇文化事業股份有限公司
劃撥帳號	19598343
地址	新北市中和區景平路464巷2弄1-4號
電話/傳真	(02)2945-3191 / (02)2945-3190
網址	www.rising-books.com.tw
Mail	deepblue@rising-books.com.tw
港澳總經銷	泛華發行代理有限公司

初版日期	2024年4月
定價	NT$600／HK$192

ORIGINAL JAPANESE EDITION STAFF

編集人	川崎憲一郎	装丁	関根朋子デザイン事務所
発行人	笠倉伸夫	本文デザイン	佐藤ちひろ
イラスト	綠川美帆	本文DTP	茂呂田剛 [エムアンドケイ]
監　修	江口仁詞	本文校閱	株式会社麦秋新社
編集・執筆	立川　宏 [office zeta]	取材協力	TCA 東京ECO 動物海洋専門学校
	久保千尋 [office zeta]		/ DINOSAUR MUSEUM
	相原由和		
	藤井千賀子 [office zeta]		

國家圖書館出版品預行編目資料

美麗的幻獸生態骨骼圖鑑 / 江口仁詞監修 ;
綠川美帆插畫 ; 徐承義譯. -- 初版. -- 新北市 :
瑞昇文化事業股份有限公司, 2024.04
128面 ; 21x25.7公分
ISBN 978-986-401-720-1(平裝)
1.CST: 動物解剖學 2.CST: 骨骼
3.CST: 民間故事 4.CST: 圖錄

382.1025　　　　　　　　　　113003595

國內著作權保障，請勿翻印／如有破損或裝訂錯誤請寄回更換
UTSUKUSHII GENJU SEITAI KOKKAKU ZUKAN
Copyright © HITOSHI EGUCHI, MIHO MIDORIKAWA 2023
Chinese translation rights in complex characters arranged with
KASAKURA PUBLISHING Co., Ltd.
through Japan UNI Agency, Inc., Tokyo